KAI HARTMANN NANCY WENDLER

# DAS FEINE FÜHREN

Hunde über Körpersprache erfolgreich führen

MIT KOSMOS MEHR ENTDECKEN
FEIN
KLAR
& RUHIG
SEIT 1822

KOSMOS

# INHALT

# Zum Geleit

Liebe Nancy und lieber Kai,
ich freue mich riesig, in eurem neuen Buch das Geleitwort schreiben zu dürfen! Neben unseren Terminen haben wir schon einige Male im Café gesessen und einfach nur über die innere Einstellung gesprochen. Das war schon schön! Aber nun die ersten Seiten in eurem gemeinsamen Buch beschreiben zu dürfen, ehrt mich sehr. Ich habe mit euch nicht ein reines Trainer-Kunden-Verhältnis, es ist eher wie eine Freundschaft.
Ich kenne euch und eure Botschaften nun schon zwei Jahre. Und eins steht fest: Ihr habt mich im Herzen erreicht! Es berührt mich jedes Mal, wenn ich die Erfolge und Fortschritte im Umgang mit meiner Prada sehe.
Damals war ich mit der Beziehung zu ihr noch sehr unzufrieden und genau das war der ausschlaggebende Punkt, weshalb ich mich auf den Weg zu euch gemacht habe. Bis zu diesem Zeitpunkt lief Prada ganz selbstverständlich jeder Leckerlidose hinterher und solange diese prall gefüllt war, hat sie alles gemacht. Aber für mich hat sie freiwillig nichts getan! Sie zog an der Leine und ich war langsam verzweifelt. Spaziergänge waren eher ein „Muss" als eine willkommene Gemeinsamkeit. Ich hätte sie manchmal an einen Baum binden können und sie hätte gar nicht bemerkt, dass ich nicht mehr da bin.
Ich wollte einen anderen Weg gehen und die Seele und Aufmerksamkeit meines Hundes für MICH gewinnen. Auf diesen eindrucksvollen Weg habt ihr mich geführt.
Bei jedem Treffen mit euch, habe ich euer Herzblut für die Menschen und ihre Hunde gespürt. Jedes Mal ging ich mit neuen Erkenntnissen und Gedanken nach Hause und überdachte meine alten Glaubenssätze. Eure Vision ist es, wirklich den Menschen zu erreichen. Ihr macht die Menschen stark und helft ihnen dabei, an sich zu glauben. So wird die mentale Verbindung zum Hund hergestellt und gestärkt, denn euer Motto lautet: „Kommt der Mensch nicht ins Handeln, wird sich der Hund auch nicht ändern!"
Den Leckerlibeutel habe ich mittlerweile verbannt. Meine Prada macht nun so vieles freudig und fröhlich, wedelt um mich herum und kann sich überall vorbildlich sehen lassen. „So ein lieber Hund", heißt es da oft von Bekannten und Freunden oder sogar von Fremden im Vorbeigehen. Gerade andere Labradorbesitzerinnen und -besitzer fragen mich, wo ich diese schöne Art der Erziehung gelernt habe und möchten auch gerne einen so tollen Hund.
Da ich nun auch schon einige Seminare von euch besucht habe, kann ich mit Sicherheit sagen: Auch, wenn das Ziel das Gleiche ist, gibt es von euch keinen Einheitsbrei, denn ihr findet immer eine passende und individuell zugeschnittene Lösung für die vielen verschiedenen Teams. Dabei seid ihr immer meine Mutmacher und Motivatoren. Ihr zeigt

Liane und ihre Labrador-Hündin Prada

mir, wie ich meine Ziele erreiche und sie nicht aus den Augen verliere. Regelmäßige Treffen, online in der Akademie oder persönlich bei euch, unterstützen mich sehr gut, auch in Zeiten, in denen ich kleine Rückschläge habe, weil meine Prada manchmal ein kleiner Sturkopf ist. Bei euch sehe ich immer, wie ihr dieses Leben mit Hund selbst lebt. Ihr seid offen, verdammt ehrlich, immer respektvoll und redet nichts schön!

**Die Akademie, die 5er-Basis und das feine Führen sind wie meine Lieblingsfächer in der Schule!**

Sie sind die „Essenz" von allem, was ihr in eurer „Hundetrainerzeit" zusammengetragen und aufgearbeitet habt, um es mir kleinschrittig zu vermitteln. Wie ihr es immer nennt, habe ich von euch einen „Werkzeugkoffer" bekommen, um in den entsprechenden Situationen mit Prada das Richtige herauszuholen. Euer Motto: „Habe stets das Ziel vor Augen, sei positiv und schau auf alles, was schon gut klappt und nicht auf das, was NOCH nicht klappt."

Eure Vision ist eine harmonische Mensch-Hund-Beziehung mit wundervollen Momenten! Mein abschließender Wunsch ist es, dass noch ganz viele Hundefreunde den Weg zu euch finden: mit einem Welpen zu Nancy, mit einem erwachsenen Hund zu Kai.

*Eure Liane mit Prada*

PS: Was mich täglich begleitet, ist das steinerne Bild des Egos. Dabei habt ihr einfach einen kleinen Stein genommen und ihn auf einen großen Stein gelegt. Dazu habt ihr gesagt: „Der kleine Stein bist du, und der große Stein ist Prada. Pass unbedingt auf, dass du im Ego deines Hundes nicht untergehst!" So einfach und so einprägsam. Mittlerweile passen unsere Steine viel besser zusammen. Dankeschön!

# Zu diesem Buch

Wieso gibt es jetzt schon wieder ein Buch von mir? Erst letztes Jahr erschien im Kosmos-Verlag mein erstes Buch: „Hunde erziehen mit der 5er-Basis“. Darin ging es um den Weg vom Müssen zum Wollen deines Hundes. Es hat als Amazon-Besteller vielen Hundefreunden den Weg geebnet, klarer mit ihrem Hund zu kommunizieren, ihn freudig zu erziehen und ihn verlässlich durch das Leben zu führen.

Die Erziehung deines Hundes begleitet dich im Alltag und du benötigst dafür keine extra Trainingseinheiten, sondern das Zusammenleben findet immer statt. So verhält es sich auch mit dem Grundlagen des feinen Führens. Die Kommunikation zwischen Mensch und Hund basiert maßgeblich auf körpersprachlichen Aspekten. Auch wenn Menschen gerne viel reden, versteht der Hund am Ende nur, was durch Handlungen geschieht. Das feine Führen wird dir deine Körpersprache bewusst machen, damit du sie gezielt einsetzen kannst, um Fehler im Dialog mit deinem Hund zu minimieren. Dieses Buch soll dich im Herzen erreichen und dich ins Handeln bringen.

**»Es muss immer alles zu dir, zu deinem Leben und zu deinem Hund passen.«**

Wir beschreiben dir genau, was du tun kannst, um klar und eindeutig zu signalisieren, was du von deinem Hund möchtest, damit er sich gerne an dir als Vertrauensperson orientiert. Das Buch zum feinen Führen setzt tiefgreifend an und beginnt noch einmal ganz am Anfang. Wir haben im letzten Buch „Hunde erziehen mit der 5er-Basis“ beispielsweise vorausgesetzt, dass jeder Hund seinen Namen schon kennt. Der Name und deine Anwesenheit soll in deinem Hund ein starkes, wohliges Gefühl auslösen. In diese Themen werden wir tiefer eintauchen und dir zeigen, wie dir das gelingt.

Nancy Wendler und Kai Hartmann mit ihren Hunden

## WIR? WER SIND WIR?

Wenn ich von „wir" schreibe, bereitet es mir große Freude, dass ich dieses Buch gemeinsam mit Nancy schreiben darf. Im ersten Buch hat sie schon das wunderbare Vorwort verfasst und hat maßgeblich zur Entwicklung der 5er-Basis beigetragen. Sie ist also die Miterfinderin.

Durch sie bekam mein Wissen die nötige Struktur, denn Nancy hat didaktisch alles so aufgearbeitet, dass es leicht verständlich und vermittelbar wurde. Alles, was ich mir im mühevollen Selbststudium angeeignet hatte, war für mich total logisch, doch ich konnte es nicht immer genauso klar vermitteln. Das hat mir schlaflose Nächte bereitet und mir auch die ersten grauen Haare beschert. Meine Vision ist es, den Menschen zu stärken, damit er seinen Hund durch unsere verrückte Menschenwelt führen kann. Ob durch das Buch oder in Terminen vor Ort – in dir muss sich etwas verändern, damit es auch bei deinem Hund ankommt. Alles hängt zusammen und greift ineinander wie ein Zahnrad.

Nun widmen wir uns gemeinsam dem feinen Führen. Das feine Führen beginnt bei uns Menschen im Kopf und ist leise, respektvoll und verbindlich. Oft

ist der Mensch der Meinung, ein Hund benötige lange Prozesse, um sich zu ändern oder anzupassen. Hunde sind aber Anpassungskünstler. Ab dem ersten Moment lernt dein Hund, welche Strukturen bei euch herrschen. Egal, ob Welpe, Junghund oder ein erwachsener Hund, jeder kann dich von Beginn an lesen und deuten. Hunde sind Meister darin, zu beobachten.

Es fällt dir und deinem Hund leichter, euch von Anfang an gut zu verstehen, wenn ihr klar und deutlich körpersprachlich miteinander kommuniziert. Wir Menschen sollten dabei sehr genau auf unsere Körpersprache achten, um uns für den Hund verständlich auszudrücken. Denn dein Hund kommuniziert den ganzen Tag nur körpersprachlich und Missverständnisse entstehen oft daraus, dass der Mensch seine Körperhaltung nicht bewusst wahrnimmt. Elementare Dinge zu deiner Körperhaltung und deren Wirkung auf deinen Hund, wirst du nun kennenlernen. Damit kannst du leise, respektvoll und verbindlich mit deinem Hund in Verbindung treten.

**Eins schon mal vorweg: „Dein Hund macht nie einen Fehler, er macht aus seiner Sicht immer alles richtig!“**

Doch manchmal ist es eben so, dass das, was dein Hund für richtig hält, nicht in deine Vorstellung vom Leben mit deinem Hund passt. Dann ist es an uns, dem Hund möglichst konfliktfrei zu vermitteln, wie wir uns das Zusammenleben von Mensch und Hund vorstellen. Der Hund als Anpassungskünstler schafft das. Hunde brauchen keine langwierigen Prozesse. Sie brauchen uns als starke Vertrauensperson an ihrer Seite, die Sicherheit bietet. Wer manchmal länger braucht, sind wir Menschen. Warum das so ist, dazu später mehr …

**Das Leben mit Hund ist eine tiefe Verbindung. Es ist niemals Zeitvertreib, Hobby oder der**

Leise, verbindlich und respektvoll kommunizieren

**Hund gar ein Statussymbol. Das Leben mit Hund ist eine Lebenseinstellung. Entweder lebt man mit oder ohne Hund. Punkt.**
Unsere Erfahrungen aus den vielen Nachrichten und Gesprächen zum ersten Buch haben den Wunsch wachsen lassen, das Thema Hundeerziehung jetzt noch tiefgründiger zu beleuchten. Über die recht klaren Handlungsschritte der 5er-Basis wurde immer noch zu sehr versucht, den Hund zu manipulieren und zu überlisten. Dabei wird völlig übersehen, dass jegliche Art von Manipulation, wieder ins MÜSSEN führt. Müssen macht Druck und Druck erzeugt Gegendruck.
**Die ehrliche Liebe von dir zu deinem Hund manipuliert nicht.** Da gibt es ja immer diese schlauen Kalendersprüche: Lass los – was dann ehrlichen Herzens zu dir zurückkehrt, bleibt für immer – oder so ähnlich. Und mit diesem Spruch wollen wir jetzt auch starten.

Auf eine lange Vorstellung unserer Personen verzichten wir an dieser Stelle. Eine Kurzvorstellung findest du in der Umschlagklappe. Ausführliches über unsere Vita gibt es in den sozialen Medien oder auch auf unseren Internetseiten ausführlich beschrieben. Vielleicht hast du auch schon in dem ein oder anderen Magazin von uns gelesen, Vorträge von uns besucht oder auch Webinare. Wir bieten dir ganz viel unseres Wissens gratis, weil es unsere Mission ist, dass der Hund entspannt an der Seite seines Menschen durch das Leben gehen kann. Dafür stehen wir, und das treibt uns täglich an.
Wenn du so willst, sind wir keine Hundetrainer. Diese Bezeichnung trifft auf uns nicht zu. Wir trainieren keine Hunde und wir bilden sie auch nicht aus. Wir sehen uns viel mehr als deine Begleiter, deine Stärkenentfessler oder als deine Schatten, die dich gerne mal in eine neue Richtung schubsen wollen, die dir gerne eine zusätzliche Sichtweise mitgeben. Damit wir deinen Hund erreichen, müssen wir vorher dich erreichen.
**Lass uns gleich loslegen!** Dieses Buch hier steht für sich allein, es entfaltet seine tiefgründige Wirkung allerdings noch besser, wenn du das Buch zur 5er-Basis schon gelesen hast, oder wenn es nun auf deiner Wunschliste steht. Doch wir werden jetzt alles geben, damit du auch aus diesen Seiten viel für dich mitnehmen kannst. Alles, was dich nicht erreicht, wirf sofort wieder über Bord, es belastet dich nur unnötig. Alles, was dich erreicht, nimm unbedingt mit, wende es an und passe es mit viel Selbstreflexion genau auf dich und auf deinen Hund an.
Alles, was du zur Erziehung deines Hundes benötigst, trägst du schon in dir. Lass es raus. Jetzt!

# GEDANKEN VORAB

Du stehst im Mittelpunkt.

# Alles dreht sich um dich

Damit du deinen Hund sicher durch die Welt führen kannst, ist es wichtig, wie es dir geht. Was passiert da in deinem Kopf?

Alles geht immer von innen nach außen. Das bedeutet, so wie du denkst, wirst du fühlen und so wie du fühlst, wirst du handeln. Genau das ist der Punkt, der uns so oft ein Schnippchen schlägt. Unsere Gedanken leiten uns und manchmal sind das dann auch *Verleitungen*, die es eher aus der Sicht des Menschen sehen als aus der Sicht des Hundes.

Vielleicht hast du schon mal die Empfehlung bekommen: Du musst gerade gehen: Schultern zurück, Brust raus, Blick nach vorne. Du solltest aufrecht gehen wie ein stolzer Krieger, damit sich der Hund an dir orientieren kann und dir folgt.

Leider ist es aber so, wenn du dich nicht wie ein Krieger fühlst, sondern gerade eher wie ein scheues Reh, dann wirst du auch nicht so gehen können. Wir empfehlen dir: Hör sofort mit diesem Schauspiel auf. Dein Hund entlarvt dich dabei schneller, als du bis drei gezählt hast.

## DEINE SELBSTWIRKSAMKEIT

Was also tun? Im ersten Schritt solltest du ran an deine Selbstwirksamkeit. Das heißt, vertraue darauf, dass du deine Handlungen erfolgreich ausführen kannst. Dabei wird dich das feine Führen unterstützen. Wir möchten dir auch zwischen den Zeilen einige mentale Grundlagen dazu mit an die Hand geben. Wenn wir dich damit erreichen, wird sich ganz wie von selbst so einiges neu ausrichten. Ein dicker Knoten wird sich plötzlich wie von Zauberhand lösen.

# Kommunikationsquellen

Die Hauptkommunikationsquelle von uns Menschen ist die Sprache. Die deines Hundes dagegen ist die Handlung. Das hast du bestimmt schon in deinem Hundealltag erlebt.

## VERSTÄNDIGUNG NIMMT IHREN LAUF

Eine Katze auf 12 Uhr. Was passiert da? Der Hund reagiert blitzschnell, kompromisslos und ohne Diskussionen. Weg ist er! Er dreht sich nicht zu uns, um erst einmal die Lage zu besprechen: „Hallo Mensch, hast du gesehen, Katze auf 12 Uhr. Wer kümmert sich jetzt darum? Soll ich übernehmen oder hast du das im Griff?“ Nein, der Hund handelt. Dazu ist er hauptamtlich arbeitslos. Er hat 24 Stunden am Tag Zeit und studiert dich. Meist kennt dein Hund dich schnell besser als du dich selbst. Wir sind immer so glücklich, dass unsere Hunde nicht sprechen können. Sie würden uns Dinge über uns erzählen, die wollen wir mit Sicherheit nicht wissen.

Dazu bekommt dein Hund auch mit, wie die soziale Struktur bei euch läuft. Sprechen dich deine Kinder an, während du in der Küche arbeitest, müssen sie oft warten. Du hast keine Zeit. Möchten deine Partnerin oder dein Partner etwas von dir, müssen sie ebenfalls warten. Kommt nun der Hund zu dir, bekommt er meist sofort und ohne Wartezeit deine Aufmerksamkeit. Das bleibt deinem Hund nicht verborgen. Er beobachtet genau und registriert die Abläufe.

Unsere Hunde sind geliebte Familienmitglieder.

Deshalb glauben Hunde manchmal schnell, sie seien der Nabel der Welt in eurer Gruppe, um den sich immer alles dreht.
Diese Fakten solltest du berücksichtigen, wenn du auch nur auf den Gedanken kommst, deinen Hund über die reine Körperhaltung eines stolzen Kriegers oder sonstige vorgetäuschte Äußerlichkeiten zu blenden. Du wirst scheitern.
Hier möchten wir dich mit ganz einfachen Handlungen unterstützen. Das ist eine gute Möglichkeit, dann doch noch zu einem stolzen Krieger zu werden, aber zu einem echten! Über klare Handlungen bekommst du Sicherheit. Diese Sicherheit bringt dich in ganz andere Gefühlswelten. Du wirst dich erfolgreich fühlen. Diese Gefühle werden dich anders denken lassen. Somit bekommst du über diesen kleinen Umweg, Zugriff auf deine Gedanken und Gefühle. Und genau das wird dir einen völlig neuen Weg ebnen können. Es ist auch eine Art Abkürzung von dir zu deinem Hund – ein ganz geradliniger Weg.

Dein Hund beobachtet dich ganz genau und kennt dich besser als du dich selbst.

**»Alles geht von innen nach außen. Das ist deine einzige Chance authentisch zu sein. Und genau das ist der Erfolg beim feinen Führen.«**

## EIN BEISPIEL

Sich nur vorzustellen, man hätte keine Angst vor der nächsten Hundebegegnung, gelingt nicht. Schnell kommen da schon die Gefühle ins Spiel und diese bringen dich wieder in deine alten Handlungsmuster zurück. Deine Muskulatur spannt sich an. Dein Herzschlag wird schneller. Dein Blick wird fest, dein Kiefer auch. Du beißt die Zähne zusammen. So ein ganz kleines bisschen fängst du an zu schwitzen. Die Hand greift die Leine, wickelt sie fester und fester um dein Handgelenk. Dein Hund flippt wieder völlig aus. Du hast es gewusst – es wird nichts. Dein Versuch, positiv zu denken, ist gescheitert.

Was macht das mit deinen Gedanken? Was entstehen daraus wieder für Gefühle? Das wollen wir nicht noch weiter verfestigen. Fakt ist jedoch, es ist wie ein Kettenkarussel. Alles dreht sich im Kreis. Es hält nicht an und du kannst nicht aussteigen. So wiederholt es sich dann wieder und wieder ...

## ES GIBT EINEN WEG ZUM AUSSTEIGEN

Schaffe Erfolgsmomente für dich und deinen Hund. Diese bilden eine feste Verbindung zwischen euch. Das Leben ist nicht planbar. Es findet immer statt und ist wirklich unvorhersehbar. Um das zu meistern, brauchst du von deinem Hund vielmehr das *Wollen* als das *Müssen*. Müssen macht oft Druck und Druck erzeugt Gegendruck. Diese Spannung ist hinderlich in einem harmonischen Miteinander. Deshalb wollen wir sie abbauen, indem wir das Ziel vor Augen haben und nicht die Katastrophe.

Es gibt einen Weg, aus alten Handlungsmustern auszubrechen.

# Lösungsorientierung ist das Ziel

Das klingt ja alles ganz gut. Nur was mache ich, wenn mein Hund mal wieder an der Leine völlig eskaliert?

Oft werden immer Erklärungen gesucht, warum der Hund so reagiert und was man machen kann, *wenn* etwas passiert. Aus unserer Sicht, sollten wir uns viel mehr Gedanken darum machen, *damit* es nicht mehr passiert und wie du das erreichen kannst. Dann musst du dir nämlich über das *Wenn* auch keine Gedanken mehr machen.
Wie kannst du deinem Hund helfen, *damit* er lernt Hundebegegnungen mit dir gemeinsam konfliktfrei und in Ruhe zu meistern? Das ist lösungsorientiert. Darum geht es. Es geht um Lösungen für die Zukunft. Was gewesen ist, kannst du nicht mehr ändern. Du hast nur Zugriff auf das, was gerade geschieht. Das, was im Moment passiert, wird deine Zukunft werden. Die Zukunft hängt also davon ab, was du heute tust.
Dabei folgt die Energie immer deiner Aufmerksamkeit. Liegt deine Aufmerksamkeit jetzt überwiegend auf den Situationen, die schlecht waren, verpufft alles. Deshalb muss deine Aufmerksamkeit auf dein neues Ziel gelenkt werden, damit die Energie da wirklich ankommt.

**»Der beste Moment ist immer – JETZT.«**

Wenn dir dein Ziel bewusst ist, wirst du einen Weg dahin finden.

# Keine Zeit, keine Zeit – du bist immer ausgebucht!?

Noch so ein Glaubenssatz, den wir oft hören: „Ich hatte keine Zeit das zu trainieren." Oder anders herum kommt schnell die Frage: „Wie oft muss ich das am Tag trainieren und üben?"

Ein Hund im Training hat eine gezielte Aufgabe.

Was wir dir hier an die Hand geben werden, hat mit Training nichts zu tun. Es handelt sich vielmehr um eine Lebenseinstellung. Dabei wollen wir dich im Herzen erreichen und dich ins Handeln bringen.
Trainiert, ausgebildet oder beschäftigt wird situativ. Uns geht es um das soziale Miteinander von Mensch und Hund. Dieses Miteinander findet immer statt. Jeden Tag. Es bildet zum großen Teil auch deine Werte ab. Wie funktioniert eure gemischte Gruppe aus Mensch(en) und Hund(en). Was ist dir wichtig und was nicht? Das ist immer eine Einzelfallentscheidung und hängt von vielen Faktoren ab. Bleib da auch unbedingt bei dir und lass dich nicht von anderen beeinflussen. Es ist dein „Hundeleben" und es

muss für dich passen, für niemanden sonst. Dass dein Hund dabei weder sich noch andere in Gefahr bringt, versteht sich von selbst. Der Rest sollte viel Freude und Spaß machen.
Mit Sicherheit gehst du jeden Tag mindestens dreimal mit deinem Hund eine gemeinsame Runde. Somit hast du täglich drei Verabredungen mit deinem Hund. Diese Zeiten solltest du genau dafür nutzen.
Schwupps, schon brauchst du dafür keine extra Zeit, denn die nimmst du dir ja schon.
Klare Strukturen geben deinem Hund im Alltag schnell Planungssicherheit. Dazu gehören auch Grenzen. Ein Leben ohne Grenzen haben Hunde einfach nicht verdient. Was Hunde bei uns suchen, ist unter anderem auch Sicherheit. Kannst du das darstellen, lassen sie sich schnell fallen. Wir haben noch keinen Hund getroffen, der die Weltherrschaft an sich reißen wollte oder der seine Familie in Grund und Boden dominieren möchte. Manchmal passieren Dinge, die sie unsicher machen und dann suchen sie sich Lösungsstrategien, damit es ihnen wieder gut geht. Unsicherheit macht eben auch keine guten Gefühle, weder dir noch deinem Hund.

**»Führung braucht Vertrauen. Sicherheit ist der Klebstoff dazwischen, der es deinem Hund auch ermöglicht, sich an dich zu binden.«**

Der Alltag soll euch beiden Spaß machen.

# Grenzen schaffen Freiraum

Was uns ganz wichtig ist, nochmals kurz etwas zu den Grenzen zu erwähnen. Grenzen sind für unsere Hunde lebensnotwendig.

Ohne Grenzen würde vieles schnell ins Auge gehen. Es ist unsere Verpflichtung, unserem Hund diese Grenzen zu vermitteln. Grenzen bieten Orientierung und Klarheit. Daraus ergibt sich dann auch die Sicherheit für deinen Hund.
Erst über sinnvoll vermittelte Grenzen erkennt der Hund, in welchem Rahmen er sicher agieren kann. Und diesen Rahmen geben wir vor, denn wer kennt sich in der Menschenwelt besser aus als wir. Dein Hund macht aus seiner Sicht ja alles richtig, doch mitunter bringt er sich damit schnell in Gefahr und dich und andere gleich mit. Viele menschliche Regeln und Dinge sind ihm völlig fremd. Das beginnt bei der roten Ampel und endet beim heißen Wasserkocher.

Mit dem Einzug des Hundes in unseren Hausstand, beginnt für den Hund ein Leben, von dem er noch nicht viel weiß. Als Vertrauensperson für deinen Hund bist du jetzt der wichtigste Begleiter und auch der beste Vermittler zwischen den beiden Welten. Der Hund bringt seine Ursprünglichkeit mit ein und schlägt die Brücke zur Natur und zur Einfachheit, die uns

**»Womit Grenzen nichts zu tun haben, ist Strafe, Unterdrückung, Schmerzen oder Gewalt.«**

Auf Santa und McDreamy ist Verlass. Sie bleiben im sicheren Raum.

immer mehr verloren geht. Nimm dieses große Geschenk an, es ermöglicht uns ein Einatmen der Natur zurück ins Herz.

## GRENZEN ERLEBEN

Dein Hund muss Grenzen erleben, denn nur darüber werden diese auch für ihn sichtbar. Halte deinen Hund nicht von allen Dingen fern. Über diesen Weg der Vermeidung findet kein Lernen statt. Gestalte Grenzen fair und erlebbar. Handle sofort, wenn dein Hund sich in Gefahr bringt. Durch dein Eingreifen sorgst du dafür, dass du ihm Sicherheitszonen schaffst. So lernt er in kleinen Schritten, sich Grenzen zu nähern, diese auch mal zu überschreiten – damit er erlebt, dass da eine Grenze ist. Über deine Konsequenzen erfährt er dann, dass er zu weit gegangen ist. Natürlich ist es viel einfacher, dem Hund alles zu erlauben, als sich mit der Arbeit und den Konsequenzen von Beschränkungen auseinanderzusetzen. Doch wir versprechen dir, es wird sich lohnen. Scheue dich nicht, Grenzen da zu setzen, wo es nötig ist. Stell deine eigenen Befindlichkeiten in solchen Momenten auch mal hinten an.

Klare Grenzen schweißen fest zusammen.

Was uns noch wichtig dabei ist: Bring dich dabei wirklich als Vermittler der Grenzen persönlich mit ein. Hunde merken sehr genau, ob sie durch eine Tür von einem Raum getrennt werden, oder du diesen Raum verwalten kannst, also deinem Hund eine unsichtbare Grenze aufweist und ihm Zutritt gewährst oder nicht. Letzteres zeichnet ein ganz anderes Bild von dir, als nur eine reine Verhinderung über eine technische Lösung. Solche Lösungen sind natürlich ab und an sehr hilfreich, wenn du wirklich mal keine Zeit hast und der Hund in Sicherheit gebracht werden muss, oder als Notfallmaßnahme. Besser und wichtiger ist aber immer der Weg über *dich:* Viele Unklarheiten zwischen Mensch und Hund haben den Ursprung genau an dieser Stelle – es fehlen verlässliche Grenzen, an denen der Hund sich orientieren an.

**Dazu eine kleine Geschichte und wir glauben, damit kannst du gut nachempfinden, wie sich dein Hund manchmal fühlt:**
In deinen eigenen vier Wänden fühlst du dich sehr sicher. Hier bewegst du dich mit traumwandlerischer Souveränität von Zimmer zu Zimmer. Was passiert jedoch, sobald es stockdunkel ist? Richtig! Du wirst unsicher, deine

Bewegungen werden vorsichtiger, du bist gehemmter. Warum? Ganz einfach: Die räumlichen Grenzen sind nicht mehr sichtbar. Du bist dir nicht mehr sicher, wie weit es noch bis zur nächsten Wand ist oder ob du gleich am nächsten Türrahmen anstößt. Leider erleben wir täglich Hunde, die – im übertragenen Sinne – 24 Stunden in völliger Dunkelheit leben. Sie versuchen, alles richtig zu machen, es fällt ihnen aber verdammt schwer. Das Licht ist aus, sie sehen die Grenzen nicht – und nicht selten haben sie diese auch noch nie zuvor gesehen oder kennengelernt.
Wir bitten dich zum Wohle deines Hundes: Mach das Licht für deinen Hund an!
Es ist außerdem nicht nur wichtig, deinem Hund Grenzen zu setzen, sondern diese Grenzen so klar und solange zu setzen, bis sie dein Hund verstanden und akzeptiert hat. Erst wenn diese Akzeptanz deutlich im Verhalten deines Hundes sichtbar ist, hat er verstanden, worum es geht.

Verbundenheit zwischen Mensch und Hund, das fühlt sich toll an.

1

# Der Rahmen

Im Bereich der Hundeerziehung wird oft von einem klaren Rahmen gesprochen, der dem Hund gegeben werden muss, damit das alles gut funktionieren kann. Aus unserer Sicht besteht dieser Rahmen aus vier wesentlichen Komponenten: Liebe, Grenzen, Vertrauen, Respekt.

Liebe fällt ohne Grenzen ins Bodenlose und hat keinen Halt. Als Gegenspieler sind Grenzen also notwendig, damit deine Liebe beim Hund ankommen kann. In der Liebe achtet man auf Grenzen und geht respektvoll miteinander um. Echte Liebe braucht also Respekt voreinander.

Und nur, wen ich respektiere, dem kann ich auch vertrauen. Vertrauen entfaltet sich demnach nur durch das Vorhandensein von Respekt.
Alle vier Seiten entstehen erst durch gemeinsames Wirken, Dialoge mit dem Hund und Handlungen. Sobald eine Seite fehlt, bricht das ganze Kon-

**2**

**1.** Vertrauen und Respekt sind keine Einbahnstraße.

**2.** Grenzen spielerisch zu lernen, festigt eure Bindung.

strukt irgendwo ein. Es fällt zusammen und endet in Zügellosigkeit. Möchtest du das Leben mit deinem Hund verändern, ist es wichtig, vor allem an verlässliche Grenzen zu denken. Sie bilden das Fundament im gesamten Umgang miteinander. Die Betonung liegt dabei auf Verlässlichkeit. Nur wer zuverlässig ist, ist berechenbar und schafft Planungssicherheit. Da Hunde Anpassungskünstler und Gewohnheitstiere sind, sind sie dankbar für klare Strukturen, die täglich beständig sind. Die Liebe, die du deinem Hund schenkst, wird durch Grenzen aufgefangen und umso liebevoller kann er dir überhaupt entgegentreten. Nimmt dein Hund Grenzen an und akzeptiert diese, dann entwickelt sich ganz nebenbei Respekt und er wird dir vertrauen. Das ist keine Einbahnstraße. Auch du wirst dich respektvoll verhalten und deinem Hund immer mehr vertrauen, wenn der Rahmen stets ausgeglichen bleibt und auf einem festen Fundament steht. Nur so wird die Beziehung mit deinem Hund belastbar und du wirst mit ihm auf Augenhöhe durch dick und dünn gehen.

Grenzen bilden das Fundament und werden oben von der Liebe abgedeckt, links und rechts eingerahmt von Vertrauen und Respekt.

# ETWAS VORBEREITUNG

Dein Hund orientiert sich gerne an dir, wenn du weißt, wohin du möchtest.

# Visualisierung – dein Navigationssystem

Der erste Schritt dazu beginnt wieder tief in uns selbst. Kannst du dir vorstellen, wie euer Miteinander ganz genau aussehen soll? Hast du davon ein absolut klares Bild vor Augen?

Oft berichten uns Hundefreunde, was sie nicht möchten. Dabei erinnern sie sich noch gut 14 Tage zurück, als dieses und jenes passiert ist. Damit verbunden, bleiben sie auch noch in ihren unangenehmen Gefühlen, die sie in dieser Situation gespürt haben, stecken. Was aber fehlt, ist eine genaue Beschreibung des neuen Ziels. Der Hund soll nicht an der Leine ziehen. Der Hund soll andere Hunde nicht anbellen. Der Hund soll nicht ... Das sind alles Negationen und diese führen dich nicht an dein Ziel. Du hängst gedanklich immer im „nicht“ und in der negativen Situation fest. Das kennst du bestimmt auch. Stell dir bitte keinen gelben Elefanten vor! Und, an was denkst du gerade? Genau – gelber Elefant.

## DU STEHST IM MITTELPUNKT

Bevor wir dir nun gleich einige praktische Schritte an die Hand geben, möchten wir nochmals darauf hinweisen, dass du bei uns im Mittelpunkt stehst. Es geht uns um dich und um deine Körpersprache. Wir möchten deine körperliche und geistige Ebene etwas „ankitzeln“ und mit komprimierten Informationen zusammenführen.

Wir schulen dich hier nicht in der Körpersprache deines Hundes. Vielmehr lösen wir Konflikte auf, die wir in den letzten 10 Jahren täglich erlebt haben. Dadurch wird es deinem Hund noch besser möglich, dich zu verstehen.

Menschen reden gerne und Hunde handeln einfach.

„Ich möchte nicht nach Berlin“, kannst du in kein Navigationssystem dieser Welt eingeben. Was du eingeben kannst ist, „Ich möchte nach München“. Nur so wird dir das System den richtigen Weg weisen.
Genauso solltest du auch dein Ziel beschreiben können. Bleiben wir bei den oben genannten Beispielen, könnte das nun jetzt folgendermaßen klingen:

- Mein Hund läuft entspannt neben mir an der Leine. Sein Körper schwingt locker in der Bewegung. Er ist immer an mir orientiert und bleibt so nah bei mir, wie ich ihn noch berühren kann.
- Mein Hund passiert mit mir gemeinsam andere Hunde. Dabei läuft er locker an der Leine und befindet sich an der abgewandten Seite des anderen Hundes. Auch in dieser Situation ist er immer ansprechbar.

Na, wie klingt das? Da sieht man doch förmlich vor seinem inneren Auge, wie so ein Team gemeinsam in Harmonie durchs Leben geht. Das ist eine tolle Vorlage für dein inneres Navigationssystem. Das können wir gleich mal eingeben!
Und wieder macht das etwas mit uns. Wir lösen uns so ganz elegant von dem, was gewesen ist. Das Vergangene können wir sowieso nicht mehr ändern. Es ist Geschichte. Der Hund hat es längst zu den Akten gelegt, nur uns

# »Der Hund soll nicht …, ist kein Ziel!«

umklammern diese negativen Gefühle immer noch wie eine Schraubzwinge. Durch die Ausrichtung auf das Ziel, können wir loslassen. Nach vorne schauen und jetzt mit klaren Handlungsschritten agieren, das wird Veränderung möglich machen.

## EINE AUFGABE

Nimm dir Block und Stift zur Hand und beschreibe deinen perfekten Tag mit deinem Hund. Stell dir vor, diesen Tag würdest du nun für den Rest deines Lebens immer wieder erleben, bis zum Ende aller Tage.

### Hilfestellungen

Beginne morgens beim Aufstehen: Wie startet ihr in den Tag, wie begrüßt ihr euch? Was passiert danach? Wie verlasst ihr das Haus? Hast du ein Halsband oder ein Geschirr am Hund oder gar nichts? Läuft er frei oder an der Leine? Wie begegnet ihr anderen Menschen und Hunden? Geht dein Hund dort hin oder hat er nur Augen für dich? Gehst du allein mit ihm spazieren oder ist jemand dabei? Wie groß sind eure Runden? Wo sind die Runden, in der Stadt oder auf Feldern? Was passiert nach der Runde? Wo ist dein Hund dann und wie verhält er sich? Ist er mit im Haus bzw. in der Wohnung oder draußen? Wer seid ihr? Wie sehen dich und deinen Hund andere Menschen? Welche Charaktereigenschaften zeichnen dich und welche deinen Hund aus? Wie fühlst du dich? Spielt dein Hund gern mit dir oder mit Gegenständen etc.

### Tipp

Führe Tagebuch und nutze es als Schatz für deine Weiterentwicklung. „Frauchens Glückjournal“ (auch aus dem Kosmos Verlag) ist eine Empfehlung, die du dafür nutzen kannst.

# Musik geht ins Blut – eine Geheimwaffe

Hier kommt noch unsere ultimativ beste Empfehlung, die das feine Führen begleiten kann. Wir nutzen das täglich selbst und es entfesselt ein enormes Potenzial.

Unser Unterbewusstsein ist etwas sehr Spezielles. Darauf haben wir auch keinen rechten Zugriff. Aber es macht ganz viel mit uns. Gerade da sitzt nämlich unser unsichtbares Navigationsgerät versteckt. Es hat die Aufgabe, unser Überleben zu sichern und daher arbeitet es blitzschnell und präzise wie ein Schweizer Uhrwerk.
Zum großen Teil kannst du dein Unterbewusstsein durch Handlungen beeinflussen. Wie wir oben schon beschrieben haben, ist das ein wirkungsvoller Weg. Ganz spezielle Handlungen, die du immer wieder ausführst, haben die Chance, in deinem Inneren etwas zu bewegen.
**Es gibt aber noch einen anderen Weg – Musik!**

Leg mal deine Lieblingsmusik auf. Die macht auch immer etwas mit dir. Das Lied vom ersten Kuss. Das Lied aus wilden Clubzeiten. Das Lied, das du immer mit deinem Kind im Auto gehört hast oder alle Stücke, die positive Erinnerungen auslösen.
Später schlagen wir dir dazu noch eine passende Handlung vor (siehe Seite 52). Zu dieser Empfehlung haben wir schon ganz wunderbare Rückmeldungen erhalten, von völlig unglaublichen Vorgängen. Es klingt ganz einfach und das ist es auch. Kopfhörer auf, Musik an und die Gefühle stellen sich ein. Die sind dann wirklich echt. Sie gehören zu dir. Es ist eben keine vorgespielte Haltung eines stolzen Kriegers.

Deine Lieblingsmusik macht nicht nur gute Laune, sondern auch den Spaziergang zu etwas Besonderem.

1

# Bewegungsrichtungen und Räume

Es gibt zwei grundsätzliche Richtungen, in die du dich bewegen kannst. In die Richtung zum Hund hin und von deinem Hund weg. Damit nimmst du ihm entweder Raum oder du gibst ihm Raum.

2

3

Dieser Ressource „Raum" muss eine große Bedeutung beigemessen werden und das nicht erst, wenn der Hund dazu ansetzt, mit dreckigen Pfoten aufs Sofa zu springen.
Über die Ressource „Raum" legen wir die grundsätzliche Position von Mensch zu Hund fest. Wenn wir hier feinfühlig den Raum nutzen, können wir sehr viel erreichen. Das Thema „Raum" ist der wesentliche Knackpunkt von jeglicher körpersprachlicher Kommunikation mit dem Hund, nicht nur bei uns im feinen Führen.

Im weitesten Sinne ist dir das schon bekannt. Der Hund darf nicht in die Küche oder ins Bett. Da wird es schnell klar, worum es geht. Umso erstaunter sind wir, dass das Thema „Raum" im täglichen Miteinander so wenig Beachtung findet.

**1.** Beatrice nähert sich Bonsai und tritt in seinen individuellen Raum.

**2.** Nun steht sie vor ihrem Hund und er schenkt ihr deshalb Beachtung.

**3.** Beatrice entfernt sich von Bonsai und er bleibt gelassen stehen.

**»Wenn wir Räume fair managen können, akzeptiert der Hund auch unsere Autorität.«**

# Deine Körperhaltung

Deine Körperhaltung kann gerade und aufrecht sein. Sie kann offen oder geschlossen, gebeugt oder hockend sein. Außerdem kann sie einladend oder abweisend sein, bedrängend oder bedrohend.
Je nachdem, wie du mit deinem Hund gerade kommunizieren möchtest, benötigst du all diese Varianten deiner Körpersprache, mit Ausnahme der bedrohlichen Haltung. Diese solltest du kennen, und vermeiden. Richtig eingesetzt ergeben sie ein harmonisches und respektvolles Miteinander mit deinem Hund.

Die aufrechte Körperhaltung von Theresa signalisiert ihrem Hund Kasper ein „Stopp – geh nicht weiter!“.

Theresa löst die Spannung auf und bedeutet Kasper mit einer freundlich einladenden Geste ihr zu folgen.

Auf Augenhöhe des Hundes zu sein zeigt Kasper, es gibt keine Gefahr und bedeutet völlige Entspannung. Das Hocken wird für Lob und schöne Augenblicke genutzt.

# DIE PRAXIS

Ist der Mensch gut gelaunt, folgt ihm auch ein fröhlicher Hund.

# Aufmerksamkeit, Ansprache und Name

Der Name sollte in deinem Hund schon die schönsten und positivsten Gefühle auslösen. Aus diesem Grund wenden wir uns diesem Punkt nochmals zu. So kannst du mit einem Welpen starten, mit dem Hund aus dem Tierschutz oder auch mit deinem Hund, der schon länger bei dir lebt.

Oft wird der Hund angesprochen, wenn er vom Menschen wegschaut. Das sind in der Regel Situationen, wo er etwas tut, was du gerade nicht möchtest. Da soll er jetzt hören. Tut er das nicht, wird es entweder lauter oder es wird versucht, ihn mit Futter umzulenken.

Wir drehen das Ganze einmal um und beginnen das Pferd von hinten aufzuzäumen. Dabei nutzen wir Situationen, in denen dich dein Hund bereits von alleine anschaut und nennen in diesen Momenten seinen Namen. Dieser darf ruhig mehrmals hintereinander ausgesprochen werden, um die schönen Töne zu einer wunderbaren Musik für deinen Hund zu machen. Der Name wird dabei sein persönliches und ganz individuelles Lobwort. Aus diesem Grund ist die freundliche Aussprache ganz wichtig. Verwende den Namen also nicht zum Schimpfen. Über die Freiwilligkeit deines Hundes wollen wir den Namen freudig in ihm verankern. Eine wedelnde Rute zeigt dir an, ob du alles richtig machst und es bei deinem Hund gut ankommt. Dabei lernt er, dass es durchaus Sinn macht, sich an dir zu orientieren. Denn da passiert immer etwas Schönes und du hast stets gute Laune dabei. Immer, wenn er dich ansieht, erklingt das wertvollste Gut – sein Name. Weiterhin erlebt er, dass es sich lohnt, zu dir zu kommen. Es geht hier also schon um die Vermittlung der Bewegungsrichtung zu dir hin und darum, dass dein Hund zu dir kommen darf, du ihm also den Raum zu dir hin öffnest. Dies wird er schnell als sehr angenehm abspeichern.

**»Wenn du deine Nähe zu einem Ort machst, wo sich dein Hund wohl und sicher fühlt, dann wird er dir nicht mehr von deiner Seite weichen.«**

## HANDLUNGSSCHRITTE

1. Du nimmst deinen Hund an die Leine. Wenn er stark zieht, empfehlen wir dir ein Geschirr, sonst geht auch ein Halsband. Die Leine sollte sich für dich gut anfühlen und angenehm in der Hand liegen. Nach Möglichkeit sollte sie ca. 3 Meter lang sein und keine Haken oder Ösen haben. So kannst du damit gut arbeiten und die Leine kürzer halten und wieder nachgeben, damit so wenig Zug wie möglich entsteht. Stell dir vor, es ist keine Leine am Hund oder die Leine ist so etwas wie der Sicherheitsgurt, den dein Hund zwar trägt, in den er aber nicht hineinfallen soll.
2. Beginne zunächst in einer ruhigen Atmosphäre, wo dich wenig ablenkt. Nimm den Hund an die Leine und streichle ihn ruhig. Immer in Wuchsrichtung des Fells und an den Stellen, wo er es besonders liebt. Bitte nicht an ihm herumwurschteln oder ihn mit heller Stimme animieren. Ganz ruhig und entspannt. L a n g w e i l i g sozusagen.
3. Jetzt gehst du langsam los und entfernst dich von deinem Hund, ohne ihn anzusprechen oder zu rufen. Geh einfach langsam los. Wenn er dir folgt, dreh dich im Gehen um und lauf noch zwei Schritte rückwärts und schau deinen Hund an. Dann gehst du in die Hocke, um ihn freundlich einzuladen, und sprichst seinen Namen während seiner Bewegung auf dich zu aus. Dabei sieht dich dein Hund an. Während er auf dich zuläuft, nimmst du die Leine etwas kürzer, sodass du sein Ziel bist und er nicht an dir vorbeigeht. Bei großen Hunden kannst du auch gerne stehen bleiben ohne dich zu hocken. Den Namen darfst du auch gerne wiederholen, damit er deinem Hund wie eine Schallplatte mit Sprung schön ins Ohr säuselt. Wir nennen den Hund hier mal Waldi.
4. Du drehst dich vor den Hund, der Hund schaut dich an und du sagst: „Waldi, Waldi!" Genau in dem Moment gehst du in die Knie und wendest dich Waldi ruhig zu. Ruhiges Streicheln in Wuchsrichtung des Fells. Danach stehst du wieder auf und gehst zielgerichtet wieder vom Hund weg.

5. Er folgt dir, du drehst dich wieder frontal vor ihn, gehst noch ein, zwei Schritte rückwärts und genau in dem Moment, wo er dich anschaut sagst du wieder: „Waldi, Waldi, Waldi“. Du gehst wieder zu ihm runter und streichelst ihn ruhig.

**Wichtig: Wenn du losgehst, schau nicht zurück. Wenn der Hund nicht sofort mitgeht, geh weiter und setze ihn so mit der Leine in die Bewegung. Sobald er mit dir läuft, umdrehen und dann wie oben beschrieben verfahren.**

Wenn Bolle so aufmerksam schaut, hört er seinen Namen mehrmals und voller Freude. Die Bewegung von Nancy ist immer rückwärts vom Hund weg.

**Wichtig: Den Namen nur nennen, wenn der Hund dich anschaut, nicht wenn er noch wegschaut!**

Der Hund kommt immer zu dir, in deinen Raum. Du gehst keinen Zentimeter zu ihm hin. Auch wenn du zu ihm runter in die Hocke gehst, wartest du, bis er wirklich bei dir ist und dich mit seinem Körper berührt. Deine Hände strecken sich erst zu ihm aus, wenn er bei dir ist. Dein Oberkörper bleibt dabei aufrecht oder leicht nach hinten geneigt, raus aus seinem Raum. Bei einem großen Hund kannst du stehen bleiben. Achte hier auch unbedingt darauf, dass deine Hände bei dir bleiben. Du beginnst auch erst mit dem Streicheln, wenn der Hund bei dir ist. Dein Oberkörper bleibt auch da aufrecht oder leicht nach hinten gebeugt.

1

2

## WENN DER HUND SICH ENTZIEHT

Wenn der Hund sich deinem Lob entzieht und sich von dir abwendet, stehst du auf und gehst wieder ruhig von ihm weg. Danach sofort den oben beschriebenen Ablauf wiederholen. Kommt das oft vor, empfehlen wir dir, den Hund kurz zu blockieren, indem du ihn freundlich bei dir festhältst. Während du ihn hältst, ruhig streicheln. Danach auch wieder aufstehen und zielsicher vom Hund weggehen.

**1.** Nancy entfernt sich von Frodo ohne ihn anzusprechen oder anzusehen.

**2.** Frodo setzt sich in Bewegung und folgt ihr. Als er Nancy von sich aus ansieht, dreht sie sich um und sagt seinen Namen.

**3.** Nancy geht in die Hocke und lässt Frodo bis in ihre Arme laufen, um ihn dort zu streicheln.

**3**

# Die Hundeleine als Hilfsmittel

Wir persönlich finden das Wort Führleine einen ganz schlimmen Begriff. Er impliziert, dass der Hund durch die Leine geführt wird. Unsere Sicht dazu ist eine ganz andere. Nancy lässt dich an unseren Gedanken teilhaben. Vielleicht kannst du einige Blickwinkel davon übernehmen.

Die Leine am Halsband oder Geschirr eines Hundes ist eine tolle Erfindung. Sie macht es dem Menschen sehr einfach, den Hund sicher durch Gefahrensituationen wie Straßen und enge Gehwege zu manövrieren. Dennoch ist und bleibt die Leine etwas Unnatürliches für den Hund, das wir Menschen uns ausgedacht haben. Der Hund kennt in seiner Ursprünglichkeit weder Leine, Halsband noch Geschirr.

Leider passiert oft etwas sehr Unerwünschtes durch die gefühlte Sicherheit der Leine. Der Hund wird häufig darüber begrenzt und festgehalten, anstatt ihm klare Regeln im gemeinsamen Miteinander zu vermitteln. Wir Menschen müssen lernen, die Leine als eine Art Sicherheitsgurt für Notfälle zu sehen und nicht unser gesamtes Leben außerhalb der sicheren vier Wände davon abhängig zu machen. Vielmehr sollten wir wieder lernen, klar miteinander zu kommunizieren und uns so aufeinander verlassen zu können.

**Was uns ganz wichtig ist:** Egal, ob du deinen Hund an einer Leine, einem Schnürsenkel oder einem Freundschaftsarmband führst – dein Hund wird nicht von dem Strick begrenzt, sondern du selbst führst deinen Hund über deine mentale Leine und mit deiner Körpersprache. Die Verbindung zwischen euch beiden sollte nicht von einem Stückchen Seil abhängig sein. Natürlich ist die Leine für einen jungen oder neuen Hund in deinem Leben erst einmal essenziell, um zunächst mit der Leine als verlängertem Arm eine Verbindung herzustellen, den Weg der Flucht und des Angriffs auszuschalten und Sicherheit zu vermitteln.

## DIE GESCHICHTE VOM WELPEN BOLLE

Als der kleine Bolle mit zehn Wochen zu mir kam, war er sehr schüchtern. Er wäre am liebsten vor vielen neuen Dingen davon-

**»Es ist unsere Verpflichtung, dem Hund beizubringen, wie das Laufen an der lockeren Leine funktioniert. Niemals sollte sie ständig unter Spannung stehen.«**

gerannt. Vor allem bellende Hunde und große Tiere flößten ihm einen Heidenrespekt ein.
Bolle hatte stets eine ganz dünne Leine im Schlepptau. Diese hielt ich an Straßen in der Hand und ließ sie auf Wiesen hinterherschleifen. Somit merkte Bolle gleich, dass eine Leine weder etwas Positives noch Negatives war. Sie war einfach immer dran, egal, ob er nah bei mir war oder weiter weg.

Damit konnte der typische Effekt, dass sich der Hund nach dem Freilauf nicht gerne anleinen lässt, gar nicht erst entstehen. Bolle bekam durch die Sicherung der Leine ganz viel Selbstbewusstsein in allen möglichen Alltagssituationen. Als wir zum Beispiel an einer großen Kuhherde vorbeiliefen, wäre er gerne im Boden versunken, hätte er dort alleine vorbeigehen müssen. Über die leichte Leine, die ich in diesem Moment aufnahm, hatte er eine enge Verbindung zu mir und spürte, dass ich keine Bedenken vor den Kühen hatte. Die Leine vermittelte ihm Sicherheit, die zu diesem Zeitpunkt noch nötig war. Unsere mentale Verbindung war in den ersten Wochen und Monaten noch nicht so stabil wie sie es heute nach 1,5 Jahren ist.

Hätte er damals die Erfahrung gemacht, dass sich durch Wegrennen viele seiner „Probleme" lösen lassen, dann hätte er diese Strategie beibehalten und ich wäre sicherlich oft auf der Suche nach ihm gewesen. Ähnlich verhält es sich bei Hunden, die gerne angreifen oder jagen gehen. Haben sie Erfolg damit, wird es zur Lösungsstrategie. Du siehst also, wir verdammen die Leine nicht. Sie ist ein wichtiges Element in der Hundeerziehung und bringt Sicherheit beim Zusammenwachsen von Mensch und Hund. Doch auch hier macht die Dosis und Intensität das Gift. Auch wir nutzen die Leine täglich, um dem Hund neue Dinge beizubringen. Jedoch lässt das feine Führen den Hund nicht regelmäßig mit Tempo 100 in den Sicherheitsgurt springen, sondern baut eine sichere mentale Verbindung zwischen Mensch und Hund auf. Eine Verbindung, auf die Verlass ist und auf die man bauen kann, auch wenn keine Leine mehr am Hund befestigt ist.

Hunde sind Lebewesen, die gerne mit ihrem Menschen kooperieren, wenn sich beide darauf einlassen. So wie junge Menschen sich Führung und Anleitung durch ein Leitplankensystem wünschen und somit ihre Grenzen kennenlernen, so verhält es sich auch beim Hund. Und die Leine ist nicht nur der Sicherheitsgut, in den der Hund möglichst selten fallen sollten. Nein, die Leine ist auch unsere verlängerte Hand zum Hund, unsere Verlängerung zur Sicherheit. Aus diesem Grund wird die Leine auch nicht zerbissen, genauso wie der Hund auch nicht in unsere Hände beißen soll.

## WIR EMPFEHLEN DIR HIER EIN EXPERIMENT

Nimm deinen Hund einmal an die Leine. Er sollte ganz einfach neben dir stehen, ohne dass du ihm ein Kommando wie „Sitz", „Platz" oder „Bleib" gibst. Bitte jetzt eine andere Person, deinen Hund von dir wegzulocken. Wie oft begrenzt du ihn dabei ausschließlich über die Leine? Wie oft bringst du dich tatsächlich in diese Situation ein, ohne dass du das Hilfsmittel Leine strapazierst? Das wird für dich ein erhellender Moment sein. Bist du da schon gut – wunderbar. Hast du da noch Potenzial, möchten wir dich mit unseren Ideen des feinen Führens einladen, dich noch weiter zu verbessern.

Unsere Hunde spüren nämlich sehr genau, ob sie ein Hilfsmittel wie eine Leine, eine Tür oder ein Hundegitter begrenzt, oder ob wir uns ehrlichen Herzens mit einer klaren Handlung in diese Situation einbringen.

## DIE ANSPRACHE MIT MEHR SCHWUNG

Jetzt kommt Bewegung in die Sache. Alles wird etwas schneller und auch dynamischer. Dabei dürfen dein Hund und du ruhig etwas außer Puste kommen. Außerdem wird sich dein Hund nun schon mehr an dir orientieren.

## HANDLUNGSSCHRITTE

1. Der Hund befindet sich wieder an der Leine. Du gehst nun etwas schneller oder im leichten Joggingtempo von ihm weg. Wenn er dir folgt, prima. Überholt er dich, auch egal. Dann bleibst du auf der Stelle stehen und legst den Rückwärtsgang ein: Du bewegst dich einfach rückwärts vom Hund weg. Vorsicht bei einem kleinen Hund, der hinter dir läuft, damit du ihn nicht trittst.
2. Jetzt wird der Hund sich zu dir umdrehen und dich wieder anschauen. Du gehst noch dynamisch ein, zwei Schritte weiter rückwärts und es folgt wieder der Name. „Waldi, Waldi, Waldi". Den Namen rufst du auch bei dieser Übung wirklich erst, wenn der Hund sich zu dir gedreht hat und dich anschaut. Wenn er sich nun in deine Richtung bewegt, startest du mit ihm ein kleines, aktives Spiel: Du kannst ihm durchs Fell streicheln, einige Schritte mit ihm laufen, springen oder hopsen.

1

2

3

3. Immer wenn es am schönsten ist, hörst du abrupt auf, stellst dich gerade hin und gehst einen kleinen Schritt auf deinen Hund zu. Zähle jetzt im Innern ruhig bis drei und starte den dynamischen Ablauf erneut.

Auch bei dieser Variante mit mehr Schwung, kommt der Hund immer bis zu dir heran. Deine Hände bleiben bei dir und das gemeinsame Spiel beginnt erst, wenn er da ist. So wird er sich immer mehr um dich bemühen und sich stärker an dich binden.

**4**

**1.** Nancy geht schnellen Schrittes von Frodo weg und er folgt ihr.

**2.** Dann bleibt sie auf der Stelle stehen und geht rückwärts. Frodo dreht sich um.

**3.** Nancys Haltung ist leicht nach hinten geneigt. Frodo läuft in ihre Richtung und sieht sie an. Dabei hört er seinen Namen.

**4.** In der Hocke erfolgt Lob, was Frodo guttut.

### VARIATIONEN DER ANSPRACHE

Wenn der Ablauf für dich klar ist, kannst du beide Arten abwechselnd benutzen. Ruhe, dann wieder Schwung, dann Ruhe gefolgt von Ruhe, ganz so, wie es euch Freude macht.
Diese beiden Aktionen kannst du nun auch im Alltag immer mit einbauen, wenn der Hund sich von sich aus an dir orientiert. Also immer, wenn er dich anschaut oder sich in deine Richtung bewegt.

Hier können wir dir wieder die Empfehlung der Musik ans Herz legen, wie auf Seite 32 beschrieben. Such dir einen ruhigeren Titel aus und einen mit mehr Dynamik. Wichtig, beide Titel müssen etwas ganz Besonderes für dich bedeuten. Du solltest damit sehr intensive Gefühle verbinden.

Musik an und los geht's. Erst in Ruhe und danach mit mehr Schwung. Die Musik ebnet dir einen Zugang in deine Gefühlswelten. Du kannst so ganz bei dir bleiben und dich gleichzeitig auch etwas von der Außenwelt abschotten. Wir sind wirklich auf deine Erfahrungen gespannt.

## WENN DER HUND ÜBERGRIFFIG WIRD

Wird der Hund bei diesem Spiel übergriffig, mach dich sofort groß und tritt ruhig und bestimmt einen Schritt auf ihn zu. Dein Oberkörper ist dabei in Richtung deines Hundes geneigt. Lass genau soviel Aktion zu, wie es für dich persönlich angenehm ist. Alles was du nicht möchtest, beendest du mit einem eindeutigen Spielabbruch: groß machen und einen ruhigen, festen Schritt in Richtung Hund machen. Sollte der Hund sich weiterhin respektlos oder völlig überschäumend verhalten, dich anspringen, anbellen oder in deine Hände zwicken, geh noch mal zum Punkt „Ruhige Ansprache“ zurück (siehe Seite 42) und vertiefe diese.

Mit Musik in den Ohren gehst du fröhlich durch die Welt. Dein Hund spürt deine Stimmung.

Lucy würde gerne zeigen, in welche Richtung der Spaziergang geht.

# Dein Standpunkt – bleib bei dir

Was jetzt kommt, klingt kinderleicht und ist doch überaus anspruchsvoll. Wer bewegt wen in eurem Mensch-Hund-Team? Wer agiert und wer reagiert?

Stell dir einen Bus vor, bei dem alle Plätze frei sind. Jetzt schaust du von außen rein und überlegst dir, wer im Leben mit deinem Hund diesen Bus fährt? Wer steuert, wohin es geht, wer bestimmt die Richtung und die Geschwindigkeit? Bist du der Fahrer, denn du hast schließlich einen Führerschein und hast schon einige Jahre Fahrpraxis auf dieser Welt? Oder sitzt dein Hund am Steuer, der weder eine Fahrprüfung gemacht hat noch praktische oder theoretische Stunden besucht hat?

Wir beobachten regelmäßig das folgende Szenario: Der Hund geht und sein Mensch geht mit. Der Hund möchte schnell zu einer gut riechenden Stelle im Gras, der Mensch lässt sich dort hinziehen. Der Hund steht und schaut zurück, der Mensch bleibt stehen und schaut ebenfalls zurück. Der Hund läuft links um seinen Menschen herum, der Mensch dreht sich nach links mit. Der Hund will zum anderen Hund, sein Mensch will seinen Hund erfolglos beruhigen etc. etc.

**»Wer führt und wer folgt denn in diesem gemeinsamen Tanz?«**

Der Mensch bleibt körperlich und gedanklich einfach mal bei sich.

Wenn wir uns immer nach dem Hund ausrichten, werden wir uns auch oft nach dem Hund richten. Das kann gerne situativ einmal so sein. Und damit wir uns nicht falsch verstehen: Der Hund braucht natürlich seine Zeiten, wo er Hund sein kann und das macht, was er gerne tut. Aus unserer Sicht sind wir aber dafür zuständig, ihm zu vermitteln, wo das möglich ist. Ihn zum Beispiel an der Autobahnraststätte frei laufen zu lassen, wenn er nicht hört und sich gerne weit von uns entfernt, ist keine gute Idee.

## ZUM BAUM WERDEN (OHNE BLICK)

### Handlungsschritte

1. Mach einfach einmal nichts. Nimm deinen Hund an die Leine, schau ihn nicht an und bleib völlig bei dir. Dein Hund bewegt dich nicht, egal, was er tut. Du bleibst einfach nur stehen.
2. Dein Blick sucht sich einen festen Punkt. Das kann der Himmel sein, eine Baumgruppe in der Ferne oder die Fassade eines schönen Gebäudes. Du schlägst Wurzeln wie ein Baum. Du bleibst ganz bei dir

Lucy schätzt die Zuneigung umso mehr, wenn sie diese in Maßen erfährt.

und bist durch nichts auf der Welt zu bewegen.

3. Lass deinen Hund im Radius der Leine machen, was er möchte. Über die Leine hast du eine gute Verbindung zu deinem Hund. Fühle über diese Verbindung, was gerade passiert. Dein Blick bleibt im Außen, wie oben beschrieben. Alternativ kannst du auch die Augen schließen.
4. In dem Moment, in dem du die Ruhe spürst oder diese über die Leine fühlst, gehst du ohne etwas zu sagen weiter. Nach einigen Schritten nimmst du Verbindung zu deinem Hund auf, begibst dich auf gleiche Höhe mit ihm und streichelst ihn ausgiebig und ruhig. Dieses Stehen und die darauffolgende liebevolle Zuwendung wiederholst du öfter, so wie es sich für dich gut anfühlt. Dein Gefühl regelt hier die Häufigkeit.

**Wichtig: Sicherheit geht immer vor. Achte darauf, dass ihr euch nicht in Gefahr bringt. Suche dir Plätze, an denen kein Unrat zum Fressen liegt.**

**TIPP**

Bei einem sehr kräftigen Hund oder bei einem sehr quirligen Hund kannst du zur Unterstützung einen Baum oder einen Pfahl suchen, an dem du die Leine befestigst, damit du wirklich entspannt stehen kannst.

Dein Hund erfährt über diesen einfachen Ablauf, dass er dich nicht mehr uneingeschränkt bewegen kann und du dich nicht immer um ihn drehst. Du liebst ihn abgöttisch, er ist aber nicht der Nabel der Welt.

## WER STEHT, DER FÜHRT

Über die Bilder: Stehen ist Ruhe, du bleibst bei dir und du begibst dich auf seine Höhe und wendest dich ihm zu, verinnerlicht er auch sehr schnell, wenn du stehst, führst du und wenn du dich ihm zuwendest, lobst du. Das bringt ganz viel Ruhe und Klarheit in euer Zusammensein.
Viel zu oft streicheln wir unseren Hunden pausenlos durchs Fell. Selbstverständlich gefällt uns das und fühlt sich für uns gut an. Ob der Hund das jedoch immer mag, steht auf einem ganz anderen Blatt. Wir erleben täglich Hunde, die versuchen sich dieser Zwangsliebe zu entziehen. Hunde sind hochsoziale Tiere und brauchen diese Nähe zu uns. Viele genießen es regelrecht. Doch auch hier macht die Dosis das Gift. Ein Zuviel nervt schnell und der Hund beginnt, sich von dir zu entfernen, um sich deiner Hand zu entziehen. Das Streicheln wird ihm also unangenehm.
Dazu bekommt der Hund unsere Aufmerksamkeit immer und überall. In der Wohnung nimmt er das auch gerne an. Es ist ja gerade sonst nichts los. Draußen sieht das ganz anders aus. Er möchte nicht mehr gestreichelt werden und wenn die Hand, die sich ihm nähert, dann keine Leckerei reicht oder zum Beispiel einen Ball präsentiert, sind wir schnell abgemeldet. Nimm deine ehrliche Liebe und Zuneigung mit nach draußen und nimm dich zu Hause etwas zurück. Bleib öfter bei dir und lass dich nicht ständig von deinem Hund bewegen. Wenn du stehst, führst du, und wenn du hockst oder mit deinem Hund am Boden sitzt, lobst du. Zieh das wirklich durch! Trenn dich dabei von allen Erwartungen. Es muss nichts passieren. Aber vielleicht passiert auch etwas ganz Wundervolles. Werde zum Beobachter und schaue euch von außen zu. Was geschieht, geschieht sowieso. Bleib bei dir!

**»Willst du was gelten, mach dich selten.«**

## WAS HAST DU SPÄTER DAVON?

Neben den Bildern, wenn der Mensch steht, dann führt er, und wenn er sich dem Hund zuwendet und in die Hocke geht, dann lobt er, lernt dein Hund noch etwas: Es gibt einfach Momente, in denen nichts passiert und in denen er nicht im Mittelpunkt steht. Das ist überaus hilfreich, wenn du beispielsweise an der Ampel warten musst oder dich mit jemanden in Ruhe unterhalten möchtest.

Es gibt Momente, in denen einfach nichts passiert, außer entspannt zu warten.

# Richtig stehen

Beim Stehen ist es wichtig, dass deine Gewichtsverlagerung passt. Zu oft stehen wir auf dem falschen Bein. Dadurch gelingt es dem Hund, uns schon mit geringer Kraftanstrengung mitzuziehen.

## FEST STEHEN WIE EIN BAUM

Steht der Hund an deiner rechten Seite, ist fast dein ganzes Gewicht auf deinem linken Bein. Zieht der Hund jetzt, kannst du einfach dein rechtes Bein leicht mit belasten und somit dein Gewicht der Situation entsprechend aufteilen. Nun stehst du fest wie ein Baum.

## OHNE HUND ÜBEN

Mach dazu einen Selbstversuch mit einer Hilfsperson, die du an die Leine nimmst. Haltet die Leine beide in der Hand. Die Hilfsperson steht an deiner rechten Seite. Du hast die Leine ebenfalls in der rechten Hand. Verlagere jetzt dein Gewicht ganz auf dein rechtes Bein. Nun soll dich dein Übungspartner an der Leine zu sich ziehen. Was passiert? Schnell gibst du nach und wirst in seine Richtung bewegt.

Stehst du auf dem richtigen Bein, dann kann dich auch ein Dobermann nicht umhauen.

Auf dem falschen Standbein wirft es dich schnell um, wenn dein Hund plötzlich zieht.

Jetzt der Gegenversuch. Alles bleibt gleich, nur das du jetzt dein Gewicht auf dein linkes Bein verlagerst. Kommt nun Zug auf die Leine, setzt du einfach dein rechtes Bein mit ein. Und jetzt stehst du wirklich fest.
Befindet sich dein Hund (bzw. die Hilfsperson) an deiner linken Seite, ist alles umgekehrt. Dein Gewicht liegt jetzt auf deinem rechten Bein und du kannst mit deinem linken Bein den Zug ausgleichend verteilen.
Dazu gibt es noch eine weitere Lösung, wie du die Leine nutzen kannst. Zieh die Leine unter deinem Fuß durch und halte sie so in der Hand, dass dein Arm ausgestreckt ist. Wir empfehlen dir, die Leine unter den Fuß zu nehmen, der am nächsten beim Hund ist. Steht der Hund rechts, ist das in diesem Fall der rechte Fuß.

**Wichtig: Die Leine soll deinen Hund auf keinen Fall zu Boden ziehen, sie soll dadurch nur einen festen Anschlagpunkt erhalten und gleichzeitig nutzt du damit auch eine physikalische Hebelwirkung. So wird alles noch fester als ein Baum. Du wirst nun wirklich zum Fels in der Brandung.**

Simone ist für Ayk ein fester Anker.

# Blockieren und Einladen

Es gibt viele Situationen, in denen du deinen Hund einmal stoppen, also räumlich blockieren musst. Das bedeutet, du weist ihm einen Raum beziehungsweise einen Platz zu, an dem er bleiben soll.

Betrachte diesen Platz/Raum demnach nicht als Zimmer. Vielmehr geht es um die Ressource „Raum“ und um die freie ungezügelte Bewegung in diesem, zum Beispiel beim gemeinsamen Gehen. Dabei soll dein Hund locker mit dir gehen, nicht an der Leine ziehen und somit euren gemeinsamen Raum von ca. 1 Meter um dich herum nicht verlassen.
Bist du zu Besuch bei deiner Familie, dann möchtest du gerne, dass dein Hund auf einem Platz bleibt, an dem er keinen stört oder an dem niemand über ihn stolpert. Du gibst deinem Hund in diesem Fall einen Raum vor, in dem er sich aufhalten darf, ohne die Kaffeetafel aufzumischen.

Am Deutlichsten wird das auch noch mal am Beispiel eines Autos, in dem dein Hund sitzt. Wie schon im Buch zur Hundeerziehung mit der 5er-Basis beschrieben, sollte dein Hund darin zunächst bleiben, ohne nach draußen zu stürzen, sobald du die Türe öffnest. Erst wenn du die Umgebung geprüft hast und draußen alles sicher ist, wird dein Hund gebeten, herauszukommen.

**»Blockieren und begrenzen darf den Hund weder bedrohen noch einschüchtern!«**

2

**1.** Kai steht frontal vor der Hundebox. Santa und Mc Dreamy warten geduldig.

**2.** Die vier Ecken einer Decke stellen ebenso einen Platz dar, wo dein Hund bleiben darf.

Bei dieser Vermittlung kannst du am meisten über deine Körpersprache lernen. Wir empfehlen dir unbedingt, dir ein Stativ oder eine Halterung für dein Handy zuzulegen und dich selbst ganz oft zu filmen. Nur so hast du die Chance, dich wirklich selbst zu reflektieren. Du kannst aus der Situation heraustreten und dich selbst erleben. Am besten schaust du dir diese Videos dann in Zeitlupe an. Es ist völlig überraschend, was du alles sehen wirst.

## DIE MACHT DER KLEINEN SCHRITTE

### Blockieren – Handlungsschritte

1. Dein Hund steht angeleint vor dir. Du stehst ganz gerade.
2. Dein Körper bleibt aufrecht, dein Blick schaut leicht über den Hund. Du schaust ihm nicht direkt ins Gesicht. Ihr steht euch jetzt frontal gegenüber. Du sprichst nicht mit deinem Hund, sondern vermittelst ihm allein über deine Körpersprache des Frontalen-vor-ihm-Stehens, dass er nun stoppen soll. Sag also nicht „Halt", „Warte" oder „Bleib". Es geht um eine leise, körpersprachliche Kommunikation zwischen dir und deinem Hund. Bleib dabei ganz gerade und aufrecht stehen, beuge dich nicht nach vorn.
3. Sollte dein Hund weitergehen wollen, trittst du ganz ruhig und

entschieden dahin, wo er gerade hin möchte. Versucht er links an dir vorbei zu gehen, machst du einen Schritt nach links, versucht er es rechts, machst du einen Schritt nach rechts. Bedrängt er dich frontal, gehst du einen halben Schritt frontal auf ihn zu.

4. Versucht dein Hund weiterhin an einer deiner Seiten an dir vorbeizukommen, blockierst du ihn im ersten Schritt mit der Leine. Du greifst dann bei deinem Schritt zur Seite die Leine etwas kürzer und verhinderst damit einen erneuten Ausweichversuch. Meist bleibt der Hund dann stehen oder setzt sich sogar hin.
5. Wenn du das erreicht hast, gehst du einen halben Schritt zurück. Steht dein Hund jetzt schon wieder auf oder setzt sich in Bewegung, um dir wieder zu folgen, dann wiederholst du den Vorgang, so wie oben beschrieben. Danach gehst du wieder einen halben Schritt zurück. Hat er dich verstanden, wird er an dieser Stelle bleiben. Dabei ist es auch nicht wichtig, ob er sitzt, liegt oder steht. Die Hauptsache ist, er bleibt da, wo du ihn blockiert hast.

### Ein Tanz mit deinem Hund

Stell es dir vor wie einen Tanz. Dein Hund und du – ihr seid Tanzpartner. Jeder hat seinen eigenen Bereich, also seine persönlichen Grenzen der Nähe. Keiner tritt dem anderen auf die Füße

1

2

3

und dennoch ist es ein harmonisches Zusammenspiel. Oft geschieht es, dass Hunde sich gern in den Bereich ihres Menschen stellen. Der Mensch gibt dann seinen Bereich frei und räumt dem Hund noch mehr Raum ein. Andersherum ist es jedoch meist eine Einbahnstraße. Der Hund geht kein bisschen zur Seite, wenn der Mensch auf ihn zukommt. Stehst du also vor deinem Hund, und er möchte an dir vorbei oder in dich hineinlaufen, dann forderst du deinen Raum zurück und schickst deinen Hund zurück. Dazu gehst du einen Schritt zu deinem Hund hin. Frontal stehen sollte für deinen Hund immer „Stopp" bedeuten.

**4**

**1.** Lotte steht aufrecht vor Pudeldame Auri. Sie stoppt Auri mit aufrechter Haltung und Handzeichen.

**2.** Lottes Körperspannung bleibt bestehen, während sie sich rückwärts entfernt.

**3.** Lotte dreht sich seitlich, Blick zum Hund und macht eine freundliche Geste. Auri folgt der Einladung.

**4.** Lotte schließt den Raum wieder und Auri stoppt.

1

## NACH DEM STOPP NUN DAS GO

### Einladen – Handlungsschritte

1. Du hast es geschafft, wunderbar! Jetzt folgt die Einladung. Du drehst dich nun seitlich. Du stehst dann nicht mehr frontal vor dem Hund. Er sieht jetzt nicht mehr auf deine Brust, sondern deine Körperseite.
2. Senke deinen Blick und schau in sein Gesicht.
3. Danach geht dein Blick sofort zu deinem Ziel. Such dir einen fixen Punkt. Eine Laterne, einen Baum oder etwas in der Art. Da schaust du hin.
4. Dann drehst du den Oberkörper in deine Blickrichtung. Somit sieht der Hund jetzt deinen Rücken. So gehst du wieder zwei, drei Schritte los. Zur Unterstützung kannst du auch eine einladende Handbewegung in dem Moment machen, in dem du dich seitlich vom Hund wegdrehst und losgehst.
5. Nach den zwei bis drei Schritten, wiederholst du den Vorgang des Blockierens sofort (Siehe unter Blockieren, Handlungsschritte).
6. In kleinen Schritten gehst du jetzt immer etwas weiter rückwärts vom Hund weg. Bestimmt schaffst du es nach einigen Durchgängen, dich

**2**

**3**

**1.** Blockieren und Einladen können auch zum Spiel beim gemeinsamen Laufen werden.

**2.** Theresa blockiert Kasper kurz und freundlich mit einem schwungvollen Schritt vor ihn.

**3.** Sie lädt ihn ein, auf der anderen Seite mit ihr zu laufen.

schon zwei bis drei Schritte rückwärts vom Hund wegzubewegen, ohne dass er dir folgt.

**Wichtig: Dein Hund ist während dem gesamten Ablauf an der Leine. Das dient in erster Linie der Sicherheit und auch dazu, damit du umsetzen kannst, was du möchtest.**

Später kannst du diesen Ablauf auch ohne Leine umsetzen, wenn dein Hund dich verstanden hat. Achte dabei bitte immer auf die Sicherheit. Dein Hund darf weder sich noch andere in Gefahr bringen. Ein eingezäunter Garten oder eine abgesicherte Fläche eignet sich dafür sehr gut.

### Was hast du später davon?

Im Alltag kannst du den Hund ganz leicht anhalten, z. B. an einer Tür, einer Bordsteinkante, beim Aussteigen aus Auto, Bus und Bahn. Dein Hund wird dich viel gezielter wahrnehmen und dir mehr Beachtung schenken, da du ihn körpersprachlich leiten kannst. Die freundliche Einladung in deine Nähe wird dich beim Rückruf unterstützen. Blockieren und Einladen sind in der Leinenführigkeit integrierbar. Auch der Wechsel von Richtung und Seite wird euch leichter fallen.

# Zeigegesten als Orientierung

Seit vielen tausend Jahren haben sich Hunde daran gewöhnt, dass wir mit unseren Armen und Händen zeigen. Das können wir uns in vielen Situationen zunutze machen.

Hunde sind im Vergleich zu anderen Tierarten sehr gut darin, unsere Zeigegesten zu deuten. Sie sind eben Experten darin, unser menschliches Verhalten zu deuten. Dazu gehören auch zum großen Teil unsere Zeigegesten, die wir schon von Kindesbeinen an verwenden.
Wie erfolgreich das funktioniert, kannst du auf deiner nächsten Hunderunde ganz schnell einmal überprüfen. Nimm deinen Hund außer Sicht und verstecke ihm etwas in einem Gebüsch. Das kann sein Ball sein, ein Dummy oder eine Futterbüchse. Danach holst du ihn wieder zu dir. Geh mit ihm in die Nähe des Verstecks. Mit einer Zeigegeste und einem kleinen Schritt in Richtung des Verstecks, weist du ihm den Weg. Die meisten Hunde setzen sich sofort in Richtung deiner Geste in Bewegung.

„Hallo, Herr Santa? Du bist gemeint!"

Oder du hast einen Ball geworfen, der in ein Gebüsch oder unter eine Bank gerollt ist, also aus dem Sichtfeld deines Hundes. Zeigst du jetzt in diese Richtung, hilft das dem Hund, den Ball schnell wiederzufinden.

## KOMBINATION BEIM BLOCKIEREN UND EINLADEN

In der bereits beschriebenen Übung kannst du die Zeigegesten am besten gleich mit einsetzen. Wenn du den Hund blockieren möchtest, kannst du ihm deine Handinnenfläche mit ausgestrecktem Arm entgegenhalten Das unterstützt das Stopp deiner Blockierung. Bei der Einladung kannst du mit dem Zeigefinger oder der leicht geöffneten Hand auf deinen Hund zeigen. Damit versteht er, dass er gemeint ist. Eine freundlich einladende Winkgeste zu dir, vor deine Füße, hilft ihm besser zu verstehen, dass er zu dir kommen soll.

## FÜR MEHRHUNDEHALTER

Solltest du mehrere Hunde haben oder mit einer Hundegruppe unterwegs sein, hilft dir die Zeigegeste sofort in der Praxis. Wenn du ganz gezielt einen Hund aus der Gruppe ansprichst, kannst du das mit einer Zeigegeste auf ihn unterstützen. Gehe dazu bei der Nennung des Namens einfach einen Schritt in die Richtung des betreffenden Hundes und zeige mit dem Finger oder mit der leicht geöffneten Hand auf ihn. So kann er sicher sein, dass er gemeint ist, und versteht, dass er angesprochen wurde.

Bolle reagiert auf die Zeigegeste und macht sich bereit.

Mit ausgestrecktem Arm weist Nancy ihm die Richtung und er startet dorthin.

Körperhaltung, Blick und Arm geben Frodo die Richtung vor.

Frodo läuft zum Ziel.

## IM ALLTAG

Wahrscheinlich nutzt du Zeigegesten ganz oft schon unterbewusst jeden Tag. Zum Beispiel wenn du dem Hund das Futter hinstellst. Viele Hundefreunde zeigen dann auf das Futter und geben es zum Fressen frei. Oder beim Aussteigen aus dem Auto. Da zeigen viele Hundehalter in die Richtung, in die der Hund hingehen soll. Beim Einsteigen ist es ähnlich. Die Zeigegeste in den Kofferraum oder auf den Rücksitz weist dem Hund den Weg.
Auch wenn der Hund abgeleint wird und freilaufen darf, zeigen viele Menschen in die Richtung, in die der Hund gehen soll. Oder er darf zu seinen Hundekumpels laufen. Auch hier haben wir schon oft beobachtet, dass in die Richtung gezeigt wird, in der sich die anderen Hunde befinden.

Bestimmt fallen dir noch weitere Situationen dazu ein. Beobachte in den nächsten Tagen einmal genauer, in welchen Situationen du Zeigegesten überall verwendest. Vielleicht fallen dir so noch weitere Möglichkeiten ein, bei denen du mit Zeigegesten deinen Hund unterstützen kannst, die richtigen Lösungen zu finden.

Kai empfängt ihn mit leicht nach hinten geneigtem Schwerpunkt.

# Dein Blick weist die Richtung

In der vorherigen Übung vom Blockieren und Einladen hast du schon gelesen, dass du deinen Hund nicht ansehen sollst, sondern dass dein Blick leicht über den Kopf deines Hundes gehen soll, und du ihn erst später anschaust.

Hunde gehören zu den wenigen Tieren, die dir in die Augen sehen.

Neben den Zeigegesten, an denen sich unsere Hunde perfekt orientieren, bietet ihnen auch unser Blick ein gutes Leitplankensystem. Zeigegesten sind dir bestimmt bekannt: Der erhobene Finger für Sitz, die flach ausgestreckte Hand für Platz oder auch das Zeigen mit dem Finger zu einer Stelle.

## DIE MACHT UNSERES BLICKS

Weniger bekannt als die oben genannten Zeigegesten ist die Macht unseres Blickes. Darin liegt aber ganz viel Potenzial, das nicht genutzt wird, und manchmal auch zu Konflikten im Hund führt. Deshalb geben wir dir hier einige Inspirationen dazu mit. Zu Beginn kannst du den Blick schon im Stop and Go, wie oben beim Blockieren und Einladen beschrieben, zielgerichtet einsetzen. Wenn du deinen Hund blockiert hast, schaust du

ihn nicht mehr an. Viele Menschen sind hier etwas kontrollsüchtig und bleiben mit dem Blick weiter am Hund hängen. Der Hund hat ja schon alles gemacht, er ist stehen geblieben. Wenn du ihn jetzt weiterhin fixierst, kommt er oft zu dem Schluss, er muss noch irgendetwas machen. Doch gerade das ist ja nicht der Fall. Durch deinen weiter auf den Hund gerichteten Blick wird er animiert, sich weiter zu verändern: Er setzt sich zum Beispiel wieder in Bewegung oder spult andere Verhaltensweisen ab, in der Hoffnung, dass es das ist, was du von ihm möchtest.
Unsere klare Empfehlung ist hier: Wenn dein Hund das Verhalten zeigt, mit dem du einverstanden bist, wende deinen Blick vom Hund ab und schau ihn nicht mehr an.

### Leinenführigkeit und Blick

Auch bei der Leinenführigkeit solltest du deine Augen auf dein Ziel richten, und dein Ziel ist nicht der Hund. Schau immer genau so, wie du es tun würdest, wenn du ohne Hund unterwegs wärst. Das ermöglicht es dem Hund, sich an dir zu orientieren und deinem Blick zum Ziel zu folgen. Hängt der jedoch am Hund fest und schaust du ihn immerzu an, kann er deinem Blick eben nicht folgen und sich nicht daran orientieren.
Deshalb suche dir immer ein Ziel, das du dann fixierst. Du kannst dich dabei von Baum zu Baum oder auch von Laterne zu Laterne hangeln. So kann dein Hund dir leichter folgen.

**»Unser Blick ist eine der mächtigsten Kommunikationshilfen für unseren Hund.«**

Erwartungsvoll schauen die beiden zu ihrem Menschen.

1

2

## EIN SELBSTVERSUCH

Mach einmal einen Selbstversuch mit einer Hilfsperson. Bitte sie, etwas für dich zu tun. Dabei schaust du sie in aller Regel an. Zum Beispiel könntest du sagen: „Bitte verschränke einmal deine Arme vor deinem Bauch." Nachdem deine Hilfsperson deiner Bitte nachgekommen ist, schaust du ihr weiterhin direkt in die Augen. Du hörst nicht auf, sie zu fixieren. Zur Verstärkung kannst du jetzt auch noch deinen Kopf etwas von links nach rechts schief legen oder mit deinem Blick noch etwas näherkommen. Lass dir nun von ihr berichten, wie sie sich gerade fühlt. Meist ist das nicht mehr nötig. Du siehst die Reaktion direkt. Entweder lacht sie oder sie wird unsicher oder macht irgendetwas, weil sie glaubt, sie solle noch was tun. Danach tauscht ihr die Rollen.

### Der Blick beim Warten

Auch wenn du irgendwo wartest, schau deinen Hund dabei nicht pausenlos an. Das produziert schnell Unruhe bis hin zu ständig bellenden Hunden. Auch hier animiert unser Blick den Hund, etwas zu tun, obwohl wir überhaupt nichts von ihm möchten.

## BLICK, STEHEN, BLOCKIEREN UND EINLADEN

### Handlungsschritte

1. Richtig eingesetzt ist dein Blick eine wunderbare Orientierungshilfe für deinen Hund. Zum Beispiel bei der Ansprache. Hier kannst du den Blick direkt auf den Hund richten. Mit einer Zeigegeste (siehe Seite 78) kannst du deinen Blick noch verstärken.

**1.** Ansprache unterstützt durch Zeigen und Ansehen.

**2.** Der Blick ist in Richtung Ziel gerichtet.

**3.** Hunde folgen überall locker und entspannt, wenn der Mensch den Weg kennt.

**3**

2. Danach geht dein Blick zum Ziel und ohne zum Hund zurückzuschauen, gehst du dann genau dorthin. Das muss am Anfang noch keine weite Strecke sein. Es reicht, wenn du ca. 2 Meter vor dir auf den Boden schaust und dann auf diesen Punkt zugehst.
3. Dann kannst du einfach da kurz stehen bleiben. Zähle einfach mal bis zehn und es passiert einfach nichts.
4. Danach wiederholst du die Ansprache mit der Zeigegeste und dem Blick zum Hund. Wieder suchst du dir einen Punkt, wohin dein Blick danach geht und genau da gehst du auch hin.
5. Dann blockierst du deinen Hund (siehe Seite 63) und bleibst aber nicht nur stehen.

6. Du nimmst deinen Blick wieder vom Hund, gehst zwei bis drei Schritte rückwärts.
7. Nun gehst du entweder zum Hund zurück und startest den Ablauf wieder neu, oder du lädst ihn körpersprachlich (siehe Seite 64) ein, zu dir zu kommen. Das kannst du auch mit einer Zeigegeste noch verstärken. Dazu kommt jetzt deine Hand ins Spiel: Aus der Entfernung der zwei bis drei Schritte schaust du deinen Hund jetzt an. Zusätzlich zeigst du noch mit der Hand auf ihn. Wenn du dich jetzt zur Seite drehst, zeigst du mit deiner Hand vor dir auf den Boden und auch dein Blick geht dabei auf deine Zehenspitzen.

Aus den Punkten Stehen, Blockieren, Einladen, Blick und Zeigegeste ergeben sich viele Kombinationsmöglichkeiten für dich und deinen Hund. Damit kannst du eure leise Kommunikation vertiefen. In der Folge wird deine akustische Kommunikation in Verbindung mit diesen eindeutigen Elementen der Körpersprache dazu führen, dass deine gesamte Kommunikation besser wird. Das ist das Ziel des feinen Führens. Es soll eure Verständigung leichter machen. Mitunter meinen wir nämlich akustisch das eine und teilen aber körpersprachlich etwas völlig anderes mit. Hunde verstehen deine Körpersprache viel besser als deine Laute. Deshalb ist Eindeutigkeit dabei ganz wichtig.

**1.** Blick, Körperhaltung und Hand verdeutlichen Santa, dass er gemeint ist.

**2.** Santa folgt der lautlosen, körpersprachlichen Einladung.

**3.** Santas Aufmerksamkeit folgt Kais Körpersprache.

**1**

**2**

# In welchem Programm bist du?

Jetzt haben wir dir schon die ersten Ideen mit auf den Weg gegeben, wie du mit deiner Körpersprache klar kommunizieren kannst. Bevor es weitergeht, möchten wir dir noch einen weiteren Denkansatz mitgeben.
Wir begleiten in letzter Zeit vermehrt auch Mensch-Hund-Teams, die im Hundesport erfolgreich sind und Hunde, die in der Jagd geführt werden, als Schimmelhund, als Therapiehund oder in anderen Bereichen einen richtig tollen Job machen.
Vielleicht fragst du dich jetzt: Was wollen die noch bei euch? Das muss doch alles bestens laufen.

## SANTA UND ICH – AM RANDE DER VERZWEIFLUNG

Auch ich habe einen Hund in mein Leben geholt, um mit ihm gemeinsam zu arbeiten. Wir wollten Menschenleben retten. Dazu haben wir eine Ausbildung in einer Rettungshundestaffel des BRH absolviert.
Dabei hat Santa einen ganz tollen Job gemacht. Er hat schnell verstanden, worum es da geht. Er konnte ausdauernd suchen, hat sich von Hindernissen nicht aufhalten lassen, seine Anzeige (wenn er den Vermissten gefunden hatte) war auch in Ordnung. Er hat das Opfer nicht verlassen. Er war ein großartiger Arbeitshund. Das ist er bis heute, nur in einem anderen Job.
Trotzdem war er im „echten Leben", im Alltag schwierig. Er zog an der Leine, ging anderen Hunden gewaltig auf die Nerven, hatte den Postboten zum Fressen gern, dekorierte die Wohnung ab und zu um und wenn er mal nicht der Mittelpunkt war, na da war aber etwas los!
Das sollte sich ändern! Doch noch mehr „Sitz", „Platz", „Steh" etc. hat uns nicht geholfen. Diese Ansätze kannten wir wie aus dem Effeff. Es war zum Verzweifeln.

»Es wird im sozialen Bereich zu viel versucht, trainiert, probiert und zu wenig erzogen. Das produziert schnell völlig enthemmte Hunde.«

## ERZIEHUNG ODER AUSBILDUNG?

Als ich verstanden hatte, wo unsere Defizite lagen, ging alles plötzlich ganz schnell. Es wurde harmonisch, leicht und leise. Ein wunderbares Gefühl machte sich breit. Wir fielen dadurch auf, dass wir nun nicht mehr auffielen. Wir hatten Nachholbedarf im Bereich der Erziehung. In der Ausbildung hingegen waren wir erfolgreich unterwegs. Dieses Verständnis ist auch bei meinen

Erziehung legt das Fundament für ein schönes Zusammenleben.

täglichen Terminen oft ein Augenöffner für viele Hundefreunde.
Die Erziehung regelt das soziale Miteinander in der gemischten Gruppe von Mensch und Hund. Dieses soziale Lernen ist stark geprägt von Grenzen, Werten und ganz viel Individualität. Es regelt, wie ihr miteinander umgehen möchtet. Dabei ist das keine Einbahnstraße. Wenn du dich freundlich und respektvoll deinem Hund gegenüber verhältst, kannst du das auch von ihm erwarten. Manchmal ist das jedoch nicht der Fall. Da nehmen sich Hunde ihren Menschen gegenüber Dinge raus, so dürfte sich sonst niemand diesen Menschen gegenüber verhalten.
Die Ausbildung schult den Hund in ganz speziellen Bewegungsformen und Aufgaben. Dazu gehört später auch der Bereich des Trainings und der Beschäftigung. Es beginnt bei „Sitz“ und „Platz“, geht zum Beispiel weiter über das Apportieren und kann auch, wie oben schon angeführt, in einem richtigen Job enden. Bei der Polizei im Schutzdienst oder als Drogenspürhund im Zoll, im therapeutischen Bereich, als Begleiter bei der Jagd etc.
Der Hund kann also sehr gut erzogen sein, orientiert sich gut an seinem Menschen, läuft locker mit und ohne Leine, passiert andere Hunde ruhig und entspannt, bleibt auch mal alleine und ist auch im Umgang mit anderen Menschen höflich. Auf der anderen Seite besitzt er aber keine besonderen Fähigkeiten und Fertigkeiten und ist in keinem speziellen Bereich ausgebildet oder trainiert.
Andersherum geht das Ganze natürlich auch. Der Hund ist top ausgebildet oder trainiert. Da liefert er starke Leistungen ab. Im sozialen Miteinander hingegen ist er wenig bis überhaupt nicht belastbar. Er bellt das ganze Haus zusammen, wenn es klingelt, bringt sich und andere mit seinem Verhalten täglich in Gefahr und hat wenig mit seinem Mensch am Hut.
Du wirst einen Hund über reine Strukturen der Ausbildung/des Trainings nicht erziehen können und über die Erziehung nicht oder nur mittelmäßig ausbilden können. Die Erziehung ist immer die Basis, an die sich dann die Kür der Ausbildung/des Trainings anschließt. Später greifen beide Strukturen ineinander und ergänzen sich im besten Fall wechselseitig. Gibt es Defizite im Bereich der Erziehung, wirst du diese nicht mit noch mehr „Sitz“, „Platz“, „Steh“ etc. lösen können. Du musst dich deiner erzieherischen Verpflichtung stellen und genau da ansetzen, wo die Unklarheiten auftreten.

Ein klarer Rahmen bietet Verlässlichkeit im Alltag.

## ERZIEHUNG FINDET IMMER STATT

Euer soziales Miteinander hat immer Bestand. 24 Stunden am Tag, 7 Tage die Woche und 365 Tage im Jahr. Das wird nicht mal situativ trainiert und dann wieder nicht. In einer menschlichen Partnerschaft pflegst du ja auch ein beständiges Miteinander. Da trainierst du nicht mal 10 Minuten am Tag, dass ihr nett und liebevoll miteinander umgeht, und die restlichen 23 Stunden und 50 Minuten benimmst du dich dann wieder wie die „Axt im Walde". Dein Hund geht entweder mit dir an lockerer Leine, er orientiert sich an dir oder er macht, was er will. Nur mal so nebenbei etwas Leinenführigkeit trainieren und danach zieht er dich wieder hinter sich her durch Welt, wird nichts verändern. Damit erreichst du eher das Gegenteil und produzierst täglich neue Konflikte. Diese Konflikte können von Stress, über Aggression bis hin zum ewig kränkelnden Hund vieles auslösen. Das Thema „Leinenführigkeit" steht hier nur stellvertretend für so einige Themen, die es dabei genauer zu betrachten gilt. Zu diesem Unterschied haben wir dir daher etwas mehr geschrieben, weil das der wichtige Schlüssel für deinen Erfolg ist. Nur über ein konstantes und verlässliches Miteinander bekommt der Hund dir gegenüber eine Planungssicherheit, die später in Vertrauen mündet.

Alles was wir dir im feinen Führen mitgeben, solltest du genau da in dein Leben und in dein Miteinander integrieren, wo es für dich Sinn macht. Wo es dir und deinem Hund Freude macht. Wo es euch dadurch Leichtigkeit und ein mehr an Lebensqualität bringt. Übernimm dieses Verhalten dann in euren grundsätzlichen Umgang miteinander.

Alles was dich nicht erreicht, was sich nicht gut anfühlt oder was du nicht brauchst (weil es da bei euch schon rund läuft), lass einfach weg. Das wäre nur unnötiger Ballast. Lass dir in diesem Punkt auch von niemanden reinreden. Du musst das so oder so machen, es geht nur so und so weiter, das ist völliger Quatsch. „Müssen" erzeugt Druck, Druck erzeugt Gegendruck und das brauchst du überhaupt nicht. Du brauchst genau das, was bei dir fetzt und dir und deinem Hund gemeinsam ein breites Grinsen ins Gesicht zaubert.

Mit Leichtigkeit durchs Leben. Kinder handeln oft intuitiv richtig.

# Anspannung und Entspannung

Auch mit deiner Körperspannung kannst du ganz gezielt kommunizieren. Dieser Wechsel aus Anspannung und Entspannung wird dich in vielen Punkten in der Kommunikation mit deinem Hund unterstützen.

1

Bei der Anspannung bist du fest, hart und alles an dir ist starr. In der Entspannung ist deine Körperhaltung locker und weich.

## ANSPANNUNG UND ENTSPANNUNG IM STEHEN

Nimm dir dazu noch einmal das Kapitel zum Standpunkt auf Seite 55 vor. Hier kannst du die Spannungsänderung direkt mit einbauen. Wenn du stehst, stehst du in der Anspannung. Deine Beine stehen schulterbreit auseinander. Der Oberkörper ist aufrecht. Die Schultern sind etwas zurückgezogen, der Hals ist gerade, das Kinn leicht angehoben und dein Blick geht geradeaus auf dein Ziel und bleibt genau auf diesem Punkt. Das kann der Himmel sein, eine Baumgruppe in der Ferne oder die Fassade

eines schönen Gebäudes. Das ist die Anspannung. Wie fühlt sich das für dich an?
Jetzt der Gegenspieler, die Entspannung. Auch diese kannst du nun gleich mit in die Übung aufnehmen. Kurz bevor du mit deinem Hund weitergehst, wirst du locker, freundlich und weich im Körper. Das heißt aber nicht, dass du in dich zusammenfällst, nur deine Bewegungen sind geschmeidig und nicht starr. Das geht am besten, wenn du ein Bein etwas einknickst, ganz ruhig tief ausatmest, die Schultern etwas fallen lässt und dein Blick sich freundlich deinem Hund zuwendet. In der Folge gehst du dann auf die Höhe deines Hundes und alle Härte löst sich auf in Geschmeidigkeit.

## ANSPANNUNG UND ENTSPANNUNG BEIM BLOCKIEREN UND EINLADEN

Auch beim Blockieren und Einladen (Seite 62) kannst du Anspannung und Entspannung gezielt einsetzen: Nachdem du mit deinem Hund einige Schritte gegangen bist, drehst du dich vor ihn. Ihr steht euch nun frontal gegenüber. Genau in diesem Moment bringst du jetzt die Anspannung in deinen Körper. Ganz kurz machst du dich körperlich fest und zeigst deinem Hund so, dass du ihn anhalten möchtest. Entfernst du dich nun von deinem Hund rückwärts und er möchte dir folgen, dann gehst du einen halben Schritt auf ihn zu und bist in diesem Moment wieder groß, fest und angespannt.
Im Anschluss nutzt du wieder die Entspannung. Das machst du kurz bevor du dich seitlich zu deinem Hund drehst. Also wieder Bein etwas einknicken, tief ausatmen, Schultern

**1.** Nancys Körperhaltung ist starr und fest, sie ist angespannt.

**2.** Die Körperhaltung ist weich und locker. Bolle nimmt freundlich Kontakt auf.

**2**

Frodo und Nancy kommunizieren über Körperspannung.

Kai nutzt seine entspannte Körperhaltung als Spieleinladung.

etwas fallen lassen und deinen Blick wieder freundlich deinem Hund zuwenden. Diese Handlungen brauchst du nicht nacheinander durchzuführen, sondern gerne auch gleichzeitig. Bein, Atem, Schulter, Blick – das kann sich sofort in einem Schritt entspannen. Das braucht manchmal etwas Koordination.

**»Das Spiel mit den Gegenspielern bringt den Hund in die Harmonie und ins Gleichgewicht.«**

## VOR DEM SPIEGEL ÜBEN

Bevor du mit diesem mächtigen Element der An- und Entspannung deinem Hund das erste Mal bewusst gegenübertrittst, solltest du es vor dem Spiegel üben. Probier es außerdem auch einmal in einer Partnerübung mit einer Hilfsperson aus. So kannst du direkt erleben, wie sich dieser Wechsel auch für dich anfühlt.

## WAS HAST DU DAVON?

Anspannung und Entspannung sind die beiden Elemente, mit denen du fast alle deine Handlungen wie im Feintuning auf ein ganz anderes Niveau heben kannst. Es geht alles viel leichter und unterstützt deine anderen Bewegungen.

# Die Gegenspieler

Im Kapitel zur Anspannung und Entspannung haben wir bereits etwas von den Gegenspielern und der Harmonie geschrieben. Dazu möchten wir dir jetzt unbedingt noch weitere Gedanken mitgeben.

Aus unserer Sicht ist das ein ganz wichtiger Bereich. Dieser ist uns schon so vertraut, dass wir nicht mehr aktiv darüber nachdenken. Wir praktizieren es täglich. Du kannst es mit der Schwerkraft vergleichen. Ob du dich gerade damit beschäftigst oder ob du daran glaubst, ist völlig egal. Die Schwerkraft ist immer da.

## DAS GESETZ DER POLARITÄT

Dieses Gesetz ist dir sehr wahrscheinlich auch so gut bekannt, dass du dir darüber überhaupt keine Gedanken machst. Es findet immer statt und ist täglich dein präsenter Begleiter.
**Ganz kurz erklärt:** Alles hat seine zwei Seiten. Zum Tag gehört die Nacht, es gibt schnell und langsam, heiß und kalt, Mann und Frau, groß und klein, Liebe und Hass etc. Die Aufzählung dieser Gegensätze könntest du jetzt bestimmt selbst endlos weiterführen.
Obwohl alles seine zwei Seiten hat, legen wir unsere Bewertung aber häufig ausschließlich nur auf eine Seite dieser Medaille. Dabei hoffen wir, dass es diese eine Seite schon richten wird. Wir vergessen dabei nur, dass zu einer Einheit auch immer die Gegensätze gehören. Sehr gerne möchten wir nur das Gute, das Angenehme in den Vordergrund stellen. Aber so ist das Leben nun mal nicht. Es gibt nicht alle Tage den wunderbarsten Sonnenschein, was – ehrlich gesagt – auch langweilig wäre. Oder?

### Lass es zu!

Nur wenn es dir gelingt, anzuerkennen, dass das eine ohne das andere nicht geht, wirst du mit dir selbst in Harmonie kommen. Alles besteht aus Gegensätzen. Genau diese Gegensätze tun uns auch so gut. Anspannung und Entspannung, das ist doch erst in der Gemeinsamkeit ein wirklich erhebendes Gefühl. Ohne Trauer kannst du kein Glück spüren. Ohne eine anstrengende Woche bei der Arbeit wäre die Erholung im Garten, unter einem Baum, wo die Vögel zwitschern, nichts wert.
Das eine kann also ohne das andere nicht sein. Und genau das ist auch der Schlüssel zum Glück. Wenn du das annehmen, verstehen und verinnerlichen kannst, dann wirst du vieles ganz anders bewerten und anders handeln können, und es wird schnell viel ruhiger werden. Du kannst Gegensätze als Einheit verstehen.

Alles hat zwei Seiten.

### Dein Lernprozess

Das wirklich gut zu finden, wird für dich ein Lernprozess sein. Die daraus entstehende Akzeptanz wird dich aber gerade mit deinem Hund ein großes Stück voranbringen. Zum Angenehmen gehört eben auch immer das Unangenehme. Deinem Hund ist das lange bekannt. Auf jede Handlung folgt immer eine Konsequenz. Für Hunde ist das völlig selbstverständlich. Das ist sehr bedeutend, denn dadurch hebst du die Liebe deinem Hund gegenüber auf eine ganz andere Stufe. Es wird viel ehrlicher, herzlicher und authentischer werden. Es wird bei euch gemeinsam Blockaden aufheben und ihr werdet noch mehr zusammenwachsen können. Nur im positiven Bereich mit deinem Hund zu kommunizieren, ist ein schöner Traum, spiegelt aber nicht im Ansatz euer Leben wider. Ständiger Druck hingegen ist auch nicht die Lösung. Auf Regen folgt wieder Sonnenschein. Das ist gut so. Dein Vertrauenskonto dem Hund gegenüber solltest du immer im Haben führen. Genau dabei wird dir diese Erkenntnis weiterhelfen, wenn du sie akzeptierst. Nimm dir dafür ruhig immer mal einige Momente bewusst Zeit und erlebe alle Momente mit deinem Hund gemeinsam. Die Freude über eine geglückte und entspannte Hundebegegnung gehört genauso dazu, wie wenn dein Hund mal wieder völlig überdreht an der Leine ausrastet. Schließe damit Frieden und lebe wirklich im Einklang damit – mit dir, mit deinem Hund und mit den Anderen. Mach dich auch nicht mehr abhängig vom Außen. Das kannst du sowieso niemals ändern. Bleib bei dir und bei deinem Hund. Das ist das, was wirklich zählt.

## RÜCKSCHAU

Die Gegenspieler findest du bereits im Buch: Beim Stehen machst du dich groß, beim Loben klein. Beim Blockieren und Einladen kommunizierst du mit Distanz und Nähe, beim Blick über Ansehen und Wegsehen.

Was dein Hund als Lob empfindet, bestimmt er selbst. Es muss euch beiden Freude machen.

# Das richtige Lob

Mit dem richtigen Lob, was für jeden Hund ganz individuell ist, schaffst du euch eine angenehme Atmosphäre, in der sich dein Hund wohlfühlt.

Wir bauen das Ganze deshalb so auf, damit der Hund unserer Nähe zu schätzen weiß und sich demzufolge gerne bei uns aufhalten wird. Das beginnt schon bei der Vermittlung seines Namens (siehe Seite 41). Generell gibt es unterschiedliche Arten, deinen Hund zu loben. Ein Lob hat je nach Zweck verschiedene Wirkungen. Damit ein Lob auch wirklich bestätigt und nicht das Gegenteil bewirkt, gibt es ein paar Kleinigkeiten zu beachten. Welches Lob speziell deinen Hund erreicht und gut bei ihm ankommt, kannst du an seiner Körpersprache erkennen.

### LOB DURCH ENTSPANNUNG UND BLICKKONTAKT

Loben beginnt schon bei ganz kleinen Sequenzen wie beim Entspannen deiner Körperhaltung und Blickkontakt. Geht dein Hund freundlich neben dir her und schenkt dir seinen Blick, kannst du ihn loben, indem du deine Gesichtszüge entspannst, lächelst und deinen Kopf kurz in seine Richtung neigst.

Ein Blick und ein Lächeln bewirken manchmal Wunder.

1

## DAS RUHIGE UND AUSGLEICHENDE LOB

Möchtest du deinem Hund in einer Situation vermitteln, dass er mit seiner ruhigen und gelassenen Reaktion genau das Verhalten zeigt, das du dir wünschst, dann lobst du ihn ruhig und ausgeglichen im Stehen oder Hocken.
Du streichelst ihn mit sanftem Druck in Wuchsrichtung des Fells, beispielsweise dreimal an der Brust, und bleibst dabei ruhig an einer Stelle stehen oder hocken.
Drückt sich dir dein Hund ein wenig entgegen, öffnet er das Maul, hat ein lockeres Ohrenspiel und einen regelmäßigen Lidschlag, dann genießt er deine Berührungen und ist entspannt. Entzieht er sich deiner Hand, duckt sich zum Beispiel nach unten weg oder spannt sich der Körper deines Hundes an, die Rute geht nach oben und er entfernt sich von dir, dann mag er es dort nicht so gerne.
Nimm dir Zeit, beobachte und probiere aus, an welcher Stelle sich dein Hund gerne berühren lässt.

### Ein Beispiel

Dein Hund hat verstanden, dass er nicht einfach aus deinem Radius hinausgehen und Menschen anspringen soll. Wenn er nun einer Verlockung widersteht und ganz entspannt bei dir stehen bleibt, gehst du einen Schritt

2

3

hinter seine Rute und wenn er sich daraufhin zu dir umdreht, gehst du in die Hocke und streichelst ihn wie oben beschrieben mit sanftem Druck dreimal an einer Stelle, die er als angenehm empfindet. Würdest du ihm in der gleichen Situation ganz hektisch durch das Fell wuscheln, vor und zurück, hoch und runter, dann wird dein Hund höchstwahrscheinlich ausflippen, den Menschen doch noch entgegenspringen und letztendlich mit Aufregung reagieren, anstatt Ruhe zu verinnerlichen. **Willst du Ruhe, dann strahle selbst Ruhe aus.**

**1.** Eine leichte Massage an Hals und Brust wirkt beruhigend.

**2.** Das ruhige Streicheln mit sanftem Druck verbindet Mensch und Hund.

**3.** Völlige Entspannung durch ausgleichende Berührungen.

## DAS SPIELERISCHE UND MOTIVIERENDE LOB

Möchtest du deinen Hund fröhlich machen, ihn aktiv in einer Handlung bestärken und in ihm Glückshormone freisetzen, dann hilft ein spielerisches und motivierendes Lob.
Bewegung ist hier ein wichtiger Faktor. Dazu benötigst du keine Hilfsmittel oder Spielzeuge. Kurz zusammen zu laufen, macht Hunde fröhlich und nimmt spielerisch leicht den Druck aus vielen Situationen.
Das schöne Gefühl soll für deinen Hund wieder in deiner Nähe stattfinden, weshalb du keine Spielzeuge, wie einen Ball, von dir wegwerfen solltest. Hüpfen und Springen, Laufen und Bremsen, um 180 Grad umkehren und wieder zurück – das könnt ihr beide gemeinsam machen.
Gerade beim Dauerthema Leinenführigkeit geht es um die Motivation deines Hundes, gerne von sich aus bei dir bleiben zu *wollen* und zu *dürfen*.
Geht dein Hund mit dir einige Meter ganz einwandfrei, dann kannst du ihn mit einem gemeinsamen Rennspiel, das nur ca. fünf Sekunden dauert, belohnen. So schließt sich dir dein Hund umso freudiger an und lernt seine Nähe zu dir schätzen, denn dort passieren immer coole Sachen. In Verbindung mit dem nächsten Element, dem Raum geben, wird das alles eine runde Angelegenheit.

1

2

3

**1.** Leichte Berührungen sind motivierend.

**2.** Ein kurzes Fangspiel macht beiden Spaß.

**3.** Es gelten immer deine persönlichen Regeln. Hauptsache ist die gute Laune.

## LOB DURCH RAUM GEBEN

Das Größte, was du deinem Hund schenken kannst, ist deine Nähe und Zuneigung. Darf er zu dir zurückkommen, dann ist das wundervoll. Erinnere dich mal daran, wie sehr sich dein Hund freut, wenn du einige Zeit weg warst und zurück nach Hause kommst. Oft dreht ein Hund dann völlig durch vor unbeschreiblicher Freude. Genau das nimmst du nun mit raus ins Freie.

**Ablauf:**

1. Du hast deinen Hund an der Leine, gehst mit ihm einfach zehn Schritte vor. Es ist dabei egal, was dein Hund tut oder wo er läuft. Wichtig ist, *du gehst* einfach.
2. Nach zehn Schritten stoppst du und gehst einfach fünf Schritte rückwärts. Somit gibst du deinem Hund deinen persönlichen Individualbereich frei und er darf zu dir kommen. Es ist eine Einladung für deinen Hund zu dir zu kommen.
3. Deinen Hund hast du an der Leine und nimmst ihn einfach mit in deine Richtung, ohne anzuhalten und auf ihn zu warten.
4. Bis er bei dir angekommen ist, bleibst du gerade stehen.
5. Wenn dein Hund bei dir ist, kannst du dich zu ihm runterbeugen und ihn ruhig streicheln oder zum motivierenden Lob übergehen, indem du fünf Schritte rückwärts rennst und das dann gleich wieder beendest.

## WIE DEIN HUND DAS LOB JEDERZEIT ANNIMMT

Wichtig ist, dass du kleinschrittig arbeitest und deinen Hund lesen lernst. Es muss nicht nur eine bestimmte Art des Lobes sein, die dir und deinem Hund gefällt. Es kann je nach Situation innerhalb von Sekunden wechseln und es können auch Möglichkeiten kurz hintereinander genutzt werden. Schaffe dir Rituale und baue täglich mehrmals Sequenzen in deinen Alltag ein, in denen du deinen Hund einfach lobst, ohne dass vorher eine Kritik stattfand, und warte nicht darauf, dass außergewöhnliche Leistungen vollbracht wurden. Sondern mache es zu einem täglichen Spiel, das euch verbindet. Arbeite so lange an den verschiedenen Varianten des Lobs, bis dein Hund sie annimmt und dir immer mehr freundliche Angebote macht, dir Blicke schenkt und wedelnd mit dir durch die Gegend trabt.

Bolle liebt die Berührung von Nancys Hand.

# Entscheidungen für die Sicherheit deines Hundes

Das Leben mit Hund kann die Fähigkeit, bewusste Entscheidungen zu treffen, bei dir selbst enorm fördern und vorantreiben. Täglich treffen wir unzählige Entscheidungen: welche Kleidung wir anziehen, ob wir Kaffee oder Tee trinken, Sport treiben oder lieber auf dem Sofa sitzen. Die meisten Entscheidungen laufen jedoch unterbewusst ab und sind uns so in Fleisch und Blut übergegangen, dass wir nicht mehr darüber nachdenken, wie zum Beispiel bei Rot an der Ampel zu halten.

## WENN DER HUND ENTSCHEIDET

Menschen geben beim Thema Hund unbemerkt Entscheidungen an ihren Hund ab, der damit schnell überfordert ist oder zu einem völlig enthemmten Tier wird, das Grenzen nicht kennt und später schwer akzeptieren kann. Es beginnt schon bei der Futtergabe, bei der Tageszeit des Spaziergangs und setzt sich im Tagesablauf so fort. Morgens um 6:00 Uhr will Waldi raus, also geht der Mensch raus. Um 8:00 Uhr gibt es immer Futter, also hat Waldi Hunger und fängt ab 7:45 Uhr an zu winseln. Beim Spaziergang möchte Waldi zum anderen Hund gehen, also darf er mal schnuppern und kurz „Hallo" sagen. Links vom Wegesrand riecht es besser als rechts, also wechselt der Mensch die Seite und wartet brav, bis Waldi fertig ist mit Markieren. Im Freilauf auf dem Feld kommt ein Hase, Waldi sieht ihn und stürzt hinterher und so weiter und so fort …

## SELBST ENTSCHEIDEN

Willst du dir und deinem Hund das gemeinsame Leben erleichtern, dann triff die Entscheidungen in eurem Sinne und übernimm bei neuen oder jungen Hunden den Großteil der Entscheidungen für deinen Hund. Das Leben mit Hund ist zu Beginn nicht so weit entfernt vom Leben mit einem Kind. Je jünger und unerfahrener der Hund ist, desto größer ist der Anteil der Entscheidungen, die du für ihn triffst. Dabei schränkst du nicht die Individualität deines Hundes ein, sondern förderst ein harmonisches Zusammenleben für den Rest eures gemeinsamen Lebens. Der Stress minimiert sich somit auf ein Minimum. Hunde werden über die Jahre älter und weiser, genau wie wir Menschen. Je reifer dein Hund ist und je gefestigter euer gemeinsamer Weg, desto mehr Freiheiten bekommt er. Lass deinen Hund nicht im Regen stehen, sondern trage durch schnelle, bewusste und klare Entscheidungen dazu bei, dass sich ein souveräner Hund an deiner Seite entwickelt und ihr beide zusammenwachst. Ein Hund muss nicht ungehemmt jeder Gefahr strotzen, um sich gut zu entwickeln. Wichtiger ist es, dass er dir vertrauen kann und sich auf dich verlassen kann. Somit lernt er, welcher Weg der richtige ist, und wird im Selbstbewusstsein wachsen.

Schnell, klar und deutlich – sofort Stopp am Gehweg!

Ohne Diskussion: Wir gehen schnell gemeinsam weiter!

# Verantwortung übernehmen – Fehlverhalten regulieren

Die Verantwortung für die Sicherheit deines Hundes und für sein Verhalten anderen gegenüber trägst allein du.

Das bedeutet nicht, dass du für schwere Verhaltensauffälligkeiten gänzlich verantwortlich bist oder dass du die Schuld dafür hast, sondern, dass du deinem Hund Schutz gibst, wo er es braucht und ihm Einhalt gebietest, wo es nötig ist.

## KEINE MENSCHEN MEHR ANSPRINGEN

Oft kommt es vor, dass ein Hund Menschen anspringt, vielleicht sogar in die Hände beißt und dabei unabsichtlich Kleidung zerstört. Hier wird meist gesagt, der Gast soll sich vom Hund abwenden und ihn ignorieren, bis der Hund versteht, dass er das nicht tun soll. Jedoch ist hier stets der Hundehalter derjenige, der umsetzen sollte, dass sein Hund keine Menschen anspringt.
Vergleichen wir es mit einem Kind, so haften immer die Eltern für ihre Kinder. Geht das eigene Kind auf einen Menschen zu und schlägt diesem unaufhörlich mit der Schaufel aufs Knie, so warten die Eltern nicht darauf, dass der fremde Mensch handelt, sich wegdreht und die Schläge ignoriert. Was würde das Kind dabei lernen? Richtig, dass sich keiner verantwortlich fühlt, es machen kann, was es will

Unbewusst wird Anspringen oft durch Streicheln bestätigt.

1

3

2

4

und es keine Konsequenzen gibt. So ist es auch beim Hund. Es ist wichtig etwas zu tun, um deinem Hund zu erklären, dass er keine Menschen anspringen darf!

### Handlungsschritte

Du wartest nicht auf eine Situation, in der du unter Stress schnell handeln musst, sondern lädst Menschen nach Hause ein und bereitest dich in Ruhe auf die Situation vor.

1. Nimm deinen Hund an die Leine. Diese greifst du so kurz, dass du deinen Hund im Notfall zurückhalten kannst, lässt die Leine aber locker. Die Leine dient hierbei als Sicherheitsgurt, in den dein Hund nur notfalls fallen sollte.
2. Nun kommen die Menschen, die dein Hund gerne überschwänglich begrüßen möchte. Dein Hund befindet sich leicht seitlich vor dir, sodass du ihn gut sehen kannst. Wir nehmen an, er ist links von dir. Dann nimmst du die Leine in die linke Hand. Möchte er nun losspringen, drehst du dich blitzschnell mit deinem rechten Bein vor ihn und blockierst ihn über deine rechte Hand an der Brust kurz und impulsiv. Die Leine ist kurz genug, damit er nicht von dir wegspringen kann. Damit verhinderst du das Vorspringen. Dein linkes Bein bleibt fest stehen. Dein Gewicht verlagert sich auf das rechte Bein vor den Hund. Sobald

**1.** Vivian ist vorbeireitet. Emmi sitzt leicht vor ihr an ihrer linken Seite. Die Leine ist kurz, aber locker.

**2.** Vivian handelt blitzschnell, verlagert ihr Gewicht vor Emmi und blockiert sie deutlich an der Brust.

**3.** Sofort wird die Blockierung gelöst. Vivian geht hinter Emmi und sie folgt.

**4.** Jetzt wird Emmi gelobt.

dein Hund nicht mehr springen möchte, löst du alle Blockierungen über dein Bein und deine Hand und stellst dich wieder locker und aufrecht neben deinen Hund.

3. Diese Abfolge kann sich mehrmals wiederholen, bis dein Hund nach spätestens drei klaren Wiederholungen verstanden hat, dass er nicht hochspringen soll. Wichtig ist es, dass du deinen Oberkörper wieder aufrichtest und deinen Hund somit nicht länger blockierst als nötig. Bleibst du längere Zeit vor ihm gebeugt, wird er versuchen, eine neue Lösung zu finden und nicht verstehen, dass er etwas richtig gemacht hat – in diesem Fall das Hochspringen zu unterlassen.
4. Der Wechsel zwischen deiner Anspannung durch die Blockierung und der Entspannung, indem du dich locker und weich neben ihm aufrichtest, kann nur wenige Sekunden betragen. Das Lob ist in erster Linie deine körperliche Entspannung wie auf Seite 82 beschrieben.
5. Setzt dein Hund nun nicht mehr zum Springen an, sondern bleibt sitzen, stehen oder liegen, dann gehst du einen Schritt hinter seinen Rücken und schaust ihn an. Wendet er sich dir dann freundlich zu, dann streichelst du ihn und lobst ihn.
6. Anschließend geht es wieder in Richtung des Menschen, um zu

1

2

schauen, ob dein Hund verstanden hat, dass er niemanden anspringen soll. Die Handlungsabfolge bedarf einer schnellen Reaktion von Seiten des Menschen. Es ist in Ordnung, wenn dein Hund anfangs kurz über die Leine blockiert wird, damit du die oben beschriebenen Schritte durchführen kannst. Jedoch sollte die Leine und das Halsband nicht das Werkzeug sein, womit dein Hund zurückgehalten wird, da er dabei nichts lernt. Deine Körpersprache muss hier klar im Vordergrund stehen.

## HUNDEBEGEGNUNGEN IN RUHE MEISTERN

Da viele Meinungen über das Verhalten und Eingreifen des Menschen bei Begegnungen mit fremden Hunden existieren, geben wir dir hier unseren Standpunkt mit, den wir täglich in der Praxis leben und vermitteln.

**1.** Du solltest immer zwischen deinem und dem fremden Hund gehen.

**2.** Das macht es auch zwei jungen Hunden leichter, sich zu konzentrieren.

### Welpen und junge Hunde

Hast du einen kleinen Hund oder einen Welpen, dann empfehlen wir dir ganz klar: Nimm deinen Hund ruhig auf den Arm, wenn er in einer Hundebegegnung überfordert ist. Es gibt keine bessere Variante, um deinem kleinen oder jungen Hund Schutz zu bieten und sein Vertrauen zu gewinnen, als ihm zu zeigen, dass du dich kümmerst, wenn es brenzlig wird.

### Anzeichen für Überforderung

Zeichen für eine Überforderung können sein:

– Dein Hund meidet den anderen Hund und rennt mit eingezogenem Schwanz zu dir, sucht Schutz zwischen deinen Beinen oder springt an dir hoch.
– Ebenso kann es sein, dass dein kleiner oder junger Hund beginnt zu zittern, knurrt oder bellt. Auch das ist oft ein Zeichen, dass er keinen Kontakt zum Gegenüber möchte.

Wir empfehlen dir in diesem Fall nur Kontakte zuzulassen, die du selbst gut einschätzen kannst. Schau dir das Verhalten des anderen Hundes und den Umgang des dazugehörigen Menschen an. Entspricht es deiner Vorstellung von respektvollem Miteinander, dann kann dein Hund dabei vieles lernen. Stimmt dein Bauchgefühl nicht, dann schütze deinen Hund und lass nur bekannte Artgenossen näherkommen.

**Wichtig: Was dein Hund braucht, sind gelegentliche Kontakte zu bekannten Hunden. Was er keinesfalls benötigt, ist der Kontakt zu jedem x-beliebigen Hund, der euch auf der Straße oder im Park begegnet.**

### Seitenwechsel in der Hundebegegnung

Damit dein Hund in Hundebegegnungen entspannt bleibt, geben wir dir hier einen wichtigen Tipp, der auch bei schwierigen Hunden schnell Besserung im Verhalten bringt. Nimm deinen Hund immer auf die

1

2

3

4

5

6

7

**1.** Santa läuft links von Kai. Die Leine ist kurz, aber locker in der linken Hand.

**2.** Kai dreht seinen Körper mit einem Schritt vor Santa und stoppt ihn.

**3.** Mit einem zweiten Schritt öffnet Kai Santa den Weg. Die Leine wechselt in die rechte Hand.

**4.** Es geht weiter geradeaus.

**5.** Die Leine lag zunächst in der linken Hand.

**6.** Leinenübergabe in die rechte Hand.

**7.** Die rechte Hand führt nun weiter.

vom Fremdhund abgewandte Seite. Das heißt, du stehst als sicherer Hafen zwischen deinem eigenen und dem fremden Hund.
Da dein Hund nicht immer automatisch auf dieser Seite läuft, zeigen wir dir hier, wie du einen schnellen Seitenwechsel im Gehen gestalten kannst und du deinen Hund dabei zuverlässig körpersprachlich führst.
Wenn euch ein Hund begegnet, zu dem dein Hund keinen Kontakt haben soll, dann geschieht dies oft mit einem gewissen Abstand, das heißt, du kannst den anderen Hund schon aus der Ferne sehen. Somit kannst du einschätzen und planen, wo dein Hund bei der Begegnung laufen sollte, und zwar immer auf der Seite, wo er am weitesten entfernt zum fremden Hund läuft. Du solltest also als Barriere zwischen den Hunden sein und im besten Falle der andere Hundehalter ebenso.

### Seitenwechsel – Handlungsschritte

Du siehst einen Hund an der Leine näherkommen. Läuft dein Hund gerade rechts von dir und er sollte in der Begegnung auf der linken Seite laufen, dann gehst du folgendermaßen vor:

1. Du hast die Leine in der linken Hand.
2. Jetzt stellst du dich frontal vor deinen Hund. Dabei übergibst du die Leine von der linken in deine rechte Hand.
3. Dann drehst du dich wieder in die Laufrichtung, beginnend mit dem rechten Fuß. Dazu kannst du deinen Hund unterstützend mit einer Zeigegeste nach vorne einladen, an deiner linken Seite mitzugehen.

So hast du über ein Verschließen und Öffnen des Leinenraumes während des Laufens deinen Hund ganz elegant auf deine andere Seite überführt. Es sind nur drei Schritte, fast wie beim Walzer.

**»In der Hundeerziehung ist ein Fünkchen Liebe und ein Tropfen Intuition mehr wert als ein ganzes Meer an Verstand.«**

# Raum geben und nehmen

Wenn du die Übungen „Raum geben“ und „Raum nehmen“ mit deinem Hund durchführst, kannst du erkennen, ob eure gemeinsame Ebene auf Vertrauen und Respekt beruht. Beginnen wir zunächst mit dem Raum geben.

## RAUM GEBEN

Raum geben bedeutet, dass du deinem Hund Platz machst und eine Zone schaffst, in der er dir nahe kommen darf. Diese Zone soll für euch beide ein angenehme Atmosphäre haben.

Dem Hund Raum zu geben, fällt den meisten Menschen sehr leicht. Kommt der Hund zum Beispiel zur Begrüßung voller Energie auf den Menschen zu gerannt, springt ihn dabei eventuell noch an, dann geht der Mensch gerne einen Schritt zurück oder zwei oder drei, und gibt somit automatisch seinen persönlichen Raum frei, um den Hund dorthin eintreten zu lassen.

In vielen anderen Situationen hingegen wünschen wir uns, dass der Hund sich zu uns dreht und uns nahekommt. Zum Beispiel in Hundebegegnungen. Jedoch genau da entscheidet der Hund meist selbst, in welchen Situationen er den Raum des Menschen beansprucht und in welchen Situationen er sich vom Menschen abwendet oder sich entfernt.

Um dir das Raum-Geben in den gewünschten Situationen zunutze zu machen, solltest du es zunächst in ruhigen, ablenkungsfreien Orten durchführen.

### Handlungsschritte

1. Du nimmst deinen Hund an die Leine und stellst dich neben ihn.
2. Nun gehst du rückwärts von deinem Hund weg und schaust, ob dein Hund dir folgt.
3. Tut er das, drehst du dich seitlich und lässt deinen Hund bis zu dir heranlaufen. Wenn er dir freiwillig folgt, lobst du ihn.
4. Sollte er das nicht tun, dann gehst du ein paar Schritte rückwärts und drehst dich seitlich, sobald dein Hund dich ansieht. Dann führst du ihn über die Leine in die Position vor dich. Mit jedem Schritt deines Hundes zu dir hin, kürzt du die Leine, bis er bei dir ist.
5. Sobald dein Hund bei dir ankommt, lobst du ihn, je nach Hund kann das ein ruhiges Streicheln sein oder ein bisschen Bewegung und ein kleines Spiel (siehe Seite 89).

**Kannst du Räume verwalten, erhöht das auch deine Wirksamkeit deinem Hund gegenüber. Es stärkt enorm deine Akzeptanz als vertrauensvolle Führungspersönlichkeit.**

1

1. Nancy steht neben Bolle.

2. Bolle nimmt Kontakt auf. Nancys Oberkörper ist leicht nach hinten geneigt.

3. Nancy dreht sich seitlich, um Bolle zu zeigen, dass er näher kommen darf.

4. Beide fühlen sich wohl und genießen die Nähe.

2

4

3

1

2

3

4

**1.** Kai steht leicht seitlich vor Santa. Der Hundekopf zeigt in Richtung Mensch.

**2.** Kai verlagert sein Gewicht auf das rechte Bein, womit er sich unter Santas Bauch stellt – …

**3.** … genau zwischen Santas Vorder- und Hinterbeine.

**4.** Santa entfernt sich deutlich einige Schritte, hält aber Kontakt.

## RAUM NEHMEN

Das Raum-Nehmen ist der Gegenspieler zum Raum-Geben. Dabei tritt dein Hund höflich zur Seite, wenn du an seine Stelle trittst.

### Handlungsschritte

1. Diese Übung fällt den meisten Menschen schwerer. Du nimmst deinen Hund an die Leine und stellst dich leicht seitlich vor ihn. **Wichtig ist, dass du nicht direkt frontal vor deinem Hund stehst. Denn möchtest du frontal in deinen Hund hineinlaufen und ihm somit Raum nehmen, könnte er sich von dir bedroht fühlen und dementsprechend darauf negativ reagieren.** Dein Hund muss immer einen Ausweg sehen, das heißt, ein Weg muss ihm immer geöffnet sein, durch den er sich von dir entfernen kann.
2. Dein Hund ist also über die Leine gesichert. Du stehst leicht versetzt links oder rechts von seiner Schulter. Mit seinem Kopf ist er dir zugewandt.
3. Steht der Hund nun leicht links vor dir, dann lässt du deinen linken Fuß fest stehen und trittst mit dem rechten Fuß zwischen seine Vorder- und Hinterbeine. (Stell dir am besten vor, am Hundebauch hängt ein Lot in der Mitte. Genau da, wo das Lot den Boden berührt, da möchtest du jetzt stehen.) Dabei verlagerst du dein gesamtes Gewicht auf das rechte Bein, das zwischen den Vorder- und Hinterbeinen deines Hundes steht. Das heißt, auch dein Oberkörper verlagert sich nach vorne, also zum Hund hin. Im Optimalfall bewegt sich dein Hund nun von dir weg und geht einen Schritt zur Seite. Er öffnet dir somit den Weg. Dabei schaut er dich aufmerksam an, tritt aber respektvoll zur Seite. So gibt er dir seinen Raum frei.

### Mögliche Reaktionen des Hundes

**Rückzug** Dein Hund hat verschiedene Antwortmöglichkeiten in dieser Übung. Zum einen könnte er versuchen, zu flüchten und sich somit viel zu weit von dir zu entfernen. In diesem Fall hast du die Leine am Halsband und sicherst deinen Hund somit ab. Ist der höflich einen Schritt zur Seite getreten und hat dir somit Platz gemacht, dann gehst du wieder einen Schritt zurück und gibst ihm den Raum zu dir wieder frei. Damit lobst du sein Verhalten und streichelst ihn für diese freundliche Geste.

### Wenn der Hund nicht reagiert

Dein Hund kann aber auch einfach gar nicht reagieren und fest an Ort und Stelle stehen bleiben. In diesem Fall ist deine Körpersprache enorm wichtig. Denn du hast den Großteil deines Gewichtes auf dem vorderen Bein, und forderst dir somit den Raum ein, in dem dein Hund gerade

steht. Je energischer der Schritt zum Hund hin und je deutlicher das Gewicht auf dem vorderen Bein, desto klarer wird deinem Hund, dass er hier einen Schritt zur Seite gehen soll.

**Der Hund stellt dich infrage** Eine weitere Reaktion kann auch sein, dass dein Hund dich infrage stellt. Vielleicht an dir hochspringt oder dich sogar anknurrt. In diesem Fall raten wir dir, dass Thema zu vertagen. Hol dir Unterstützung von einem Coach, der euch beobachtet und dich instruieren kann, was in diesem Fall zu tun ist.

**Wichtig! Deine Sicherheit geht immer vor.**

## WAS BRINGT DIR DAS FÜR DEINEN ALLTAG?

Im Alltag kannst du deinen Hund so aus vielen Situationen herausholen, indem du dir Raum einforderst und seine Aufmerksamkeit dadurch gewinnst. Denn ist er erst einmal einen Schritt zur Seite gegangen und hat sich dir somit „im Kopf“ zugewandt, kannst du freundlich einen Schritt zurückgehen und ihn wieder zu dir einladen. Fixiert er zum Beispiel einen anderen Hund, kannst du energisch an die Stelle treten, wo dein Hund gerade steht. Vorausgesetzt er kennt diese Abläufe schon, wird er sich dir schnell zuwenden, zu dir zurückkommen und sein Lob entgegennehmen. Ein Hund, der im Kopf wieder bei dir ist, baut schnell wieder eine mentale Verbindung zu dir auf und lässt sich gerne führen.

# Anfassen und Körperkontakt – die Kunst der Berührung

Häufig werden wir gefragt, ob man den Hund bei der körpersprachlichen Kommunikation auch anfassen darf, und unsere Antwort darauf ist ganz klar: Nein, das darfst du nicht, das musst du – UNBEDINGT.

Das feine Führen basiert darauf, dass dein Hund dich noch besser wahrnimmt. Dabei helfen und unterstützen dich alle Elemente, die wir dir im Buch vorstellen. Dazu gehören auch Berührungen. Einiges findest du auch im Kapitel zum richtigen Lob. Dort wird beschrieben, wie es deinem Hund exakt das vermittelt, was ihn gerade am besten unterstützt.

Diese Berührungen sind dem Hund gut bekannt. Er kennt sie schon von der Fellpflege und auch vom Massieren seines Bauches in der Welpenzeit durch die Mutter. Weiter geht es bei den ersten Raufspielen mit den Geschwistern und auch in der Ruhe beim Kontaktliegen. Da werden Berührungen sehr zielgerichtet eingesetzt.

Für diese Berührungen nutzt der Hund auch seinen gesamten Körper. Die Pfoten, der Fang und der Körper selbst kommen immer zum Einsatz. Mit dem Fang erkundet und erfühlt er als Welpe schon die Welt.

## ALLES ZUR RICHTIGEN ZEIT

Deine Berührungen können begrenzen, motivieren, loben und lieben. Sei dabei sehr achtsam. Den Hund ständig nur körperlich zu begrenzen, macht ihn genauso kaputt, wie ihn buchstäblich zu Tode zu liebkosen. Gerade das Überschütten mit ständi-

Hundewelpen lieben Berührungen.

Berührung kann zur richtigen Zeit auch Sicherheit geben.

ger Liebe und auch die huschelnden Bewegungen durch das Fell sind in erster Linie etwas, was uns Menschen unheimlich guttut. Ob der Hund das immer genauso sieht, steht auf einem ganz anderen Blatt.

**Wir empfehlen dir genau deshalb: Werde zum Beobachter. Trenne dich von deinen Befindlichkeiten. Beobachte wirklich wertfrei.**

Wie verhält sich dein Hund? Schmiegt er sich an dich? Wedelt er mit dem Schwanz? Stellt er die Nackenhaare auf? Wird sein Körper steif oder eher weich? Schließt er dabei den Fang oder schmatzt er genüsslich vor sich hin? Du wirst noch viel, viel mehr sehen, wenn du genau hinschaust.

Aus den Beobachtungen kannst du später tolle Erkenntnisse ableiten, welche Berührungen in welchem Kontext angebracht sind. Nimmst du dir wirklich mal Zeit für eine Massage, die Fellpflege oder das Absuchen nach Zecken, kommt es dir sehr entgegen, wenn du die Stellen kennst, die deinen Hund entspannen und locker machen.

Auch körperliche Einwirkungen bei Grenzen müssen genau das erfüllen, was sie darstellen sollen – eine Begrenzung. Oft erzeugt körperlicher Druck Gegendruck, was schnell in Kampf ausarten kann, oder der Hund versucht es über eine Spielaufforderung aufzulösen. Diese Spielaufforderung beschreibt man dann gerne als: „Jetzt hat er seine fünf Minuten." Aus unseren Erfahrungen hat er genau das nicht. Er hat oft einen Konflikt, den er versucht zu lösen.

**Was Körperlichkeit nicht sein sollte, ist Unterdrückung, Schmerz und Gewalt!**

Da sind wir uns bestimmt einig. Als Notfallmaßnahme greifen auch wir unserem Hund schon mal beherzt ins Fell, wenn er sich völlig vergessen hat und zum Beispiel dadurch auf die Straße tritt und sich in Gefahr bringt. Das ist aber niemals das grundsätzliche Miteinander, um den Hund sicher durch die Welt zu führen.

**Das ist ein wichtiges Thema, behalte es im Auge. Achte darauf, dass du deinem Hund nicht versehentlich den völlig falschen Weg zeigst. Alles zur richtigen Zeit, ist für uns immer ein kleiner Anker, der uns in solchen Situationen hilft, schnell die richtigen Entscheidungen zu treffen.**

## DIE BERUHIGUNG

**Hier noch ein wichtiges Beispiel aus unserer täglichen Praxis:**
Der Hund baut gerade mal richtigen „Mist" und ist völlig außer sich. Dafür gibt es verschiedene Situationen. Bestimmt siehst du jetzt schon eine passende vor deinem inneren Auge.
Sehr oft wird in solchen Situationen versucht, den Hund zu beruhigen und abzulenken. Oft verknüpft der Hund es jedoch völlig anders. Er zeigt ein Verhalten und sein Mensch fügt jetzt etwas hinzu, was dem Hund angenehm ist. Das kann Beachtung sein über Streicheln und freundliches Zureden. Es gibt auch Hunde, denen reicht schon dein Blick oder dass du in ihre Nähe trittst. Das erzeugt gute Gefühle. Gute Gefühle möchte ein Hund vermehren. Wie ist er in den Genuss dieser guten Gefühle gekommen? Genau, über das Verhalten, das den guten Gefühlen vorausging.
Schnell kann daraus ein Kreislauf werden, den du so nicht geplant hast. Der Hund wird dieses Verhalten also wieder zeigen, es folgt ja darauf immer die schöne Sache, die ihn ins gute Gefühl bringt.

Berührungen können begrenzen.

Beobachte deinen Hund. Streicheleinheiten sollten angenehm sein.

# INNERE UND ÄUSSERE HALTUNG

Auch wenn ein Hund der beste Freund des Menschen ist, wird es immer ein Hund bleiben.

# Verstehen oder Handeln?

Ein großer Wunsch des Menschen ist häufig, den Hund und sein Verhalten zu verstehen. Bis zu einem gewissen Maß ist es möglich, einen Hund lesen zu lernen, seine Bedürfnisse zu erkennen und ihm Verständnis entgegenzubringen.

Es wird dem Menschen jedoch nie gänzlich möglich sein, seinen Hund bis ins letzte Detail zu verstehen. Der Mensch ist ein Mensch und der Hund ist ein Hund. Und ganz wichtig, andersrum ist das genauso. Dein Hund wird dich nicht verstehen und er kann das auch gar nicht. Deshalb einigt ihr euch auf eine Ebene der körpersprachlichen und verbalen Kommunikation, auf der ihr im angenehmen Rahmen miteinander umgehen könnt.

Bellt dein Hund zum Beispiel andere Hunde an, schnappt er oft in deine Kleidung oder springt Menschen an? Gerade bei jungen Hunden passiert Letzteres öfter. Nun kannst du versuchen sein Verhalten zu verstehen, es auf die Pubertät zu schieben oder irgendwelche anderen Gründe finden, weshalb dein Hund gerade in diesem Moment derart handelt. All dein Verständnis wird dich jedoch nicht dahin bringen, dass dein Hund unangenehmes Verhalten einstellt und gewünschtes Verhalten öfter zeigt.

Deshalb plädieren wir dafür, lösungsorientiert vorzugehen, ohne dir oder deinem Hund damit zu schaden, gewaltvoll zu werden oder Ängste zu schüren. Möchtest du, dass bestimmtes Verhalten deines Hundes häufiger auftritt, dann belohne und bestätige es. Mehr zum Thema „Lob“ findest du auf Seite 89 im Buch.

Möchtest du allerdings unangenehmes Verhalten deines Hundes vermin-

Grenzen sind nichts Unangenehmes. Sie erleichtern dir und deinem Hund den Alltag.

dern, dann ist es bedingt hilfreich gänzlich zu verstehen, warum er dieses oder jenes tut. Wichtiger ist es, mit liebevollen Grenzen klar und deutlich aufzuzeigen, dass er dieses Verhalten lassen soll. Es muss also eine Konsequenz folgen, durch die dein Hund versteht, wenn er etwas richtig oder falsch macht. Das hat nichts mit Gewalt, Schmerz oder Angst zu tun, sondern ausschließlich mit einer klaren Handlung, die deutlich und ohne Diskussion ausgeführt wird. Oberste Priorität ist, dass es Grenzen gibt und du und dein Hund sich daran halten. Grenzen sind dabei nichts Unangenehmes, sondern schaffen einen klaren Rahmen.

## DAS BAUCHGEFÜHL

Vertraue auf dein Bauchgefühl und deine Intuition, was dir im Leben mit Hund wichtig ist.
Liegt dein Hund zum Beispiel immer im Hauseingang und damit direkt in deinem Laufweg von der Küche ins

**TIPP**

Gib die Verantwortung nicht ab, sondern übernimm sie selbst. Nur du bist verantwortlich für das Leben mit deinem Hund und niemand anderes kann eure Regeln und Grenzen so klar definieren, wie du das kannst. Es muss für dich und für deinen Hund passen.

Wohnzimmer und du musst entweder über ihn steigen oder um ihn herumlaufen, dann entwickelt sich bei dir relativ schnell ein Gefühl in der Magengegend. Sobald du dieses Gefühl wahrnimmst, ist es in der Regel etwas Unangenehmes. Und hier solltest du ganz schnell in dich hineinhorchen. Was passiert da gerade? Sobald sich für dich im Umgang mit deinem Hund etwas komisch anfühlt, solltest du schnell ins Handeln kommen. In diesem Fall kannst du einfach eine Leine und ein Halsband benutzen und deinen Hund an eine andere Stelle in deiner Wohnung führen. Dort kann er sich dann gemütlich ausruhen, ohne dir im Weg zu liegen. Das hat keinen von euch beiden geschadet. Schnell fühlt es sich für dich wieder besser an. Dazu gibt es euch auch Sicherheit, dass du weder dich noch deinen Hund verletzt, wenn er dir an dieser Stelle im Weg liegt.
Handlungen und auf einer Ebene mit dem Hund zu kommunizieren sind im Leben mit Hund wesentlich wichtiger als all sein Verhalten, seine Gefühle und Ausdrücke zu verstehen und zu bewerten. Denn wir werden nie in den Kopf unseres Hundes schauen können, auch wenn wir uns das manchmal wünschen. Also einfach viel mehr machen, viel weniger hinterfragen und nicht stagnieren. Du kannst damit beginnen, auf dein Bauchgefühl zu hören und eine Lösung zu finden.

Oft steckt der Mensch im Versuch, Verständnis für den Hund aufzubauen, fest. Das endet im Hinterfragen und Interpretieren. Und genau das wird es immer bleiben – eine Interpretation. Wenn der Mensch selbst schnell ins Handeln kommt, gibt es dagegen viel weniger Fragen im Hundekopf und das ermöglicht ein leichtes Zusammenleben. Beobachte einmal Hunde unter sich. Sie agieren und reagieren ohne lange Denkpausen und Debattierrunden.

Glücklich unterwegs – ein Hund passt sich problemlos an.

# Erziehung ist innere und äußere Haltung

Die folgenden grundlegenden Gedanken zur Hirnforschung basieren auf dem Buch von Patrick Lynen: „Hör auf ein totes Pferd zu reiten" und sind wunderbar auf Probleme in der Hundeerziehung übertragbar.

Denn nicht der Hund hat Schwierigkeiten umzulernen, sondern uns Menschen gelingt das häufig nicht oder nur sehr schwerfällig. Doch eins schon gleich vorweg, nicht dass du sonst sofort alle deine Anstrengungen einstellst: Die Wissenschaft gibt hier Entwarnung und uns grünes Licht. Mensch und Hund können lebenslang umlernen. Also immer! Also auch du!

## HUNDEERZIEHUNG IN DER „KOMFORTZONE"

Das Schlüsselwort für die Ursache der andauernden Probleme im Umgang mit dem Hund ist unsere „Komfortzone". Das ist der Ort, wo wir uns sehr wohlfühlen. Das ist nicht unbedingt so, weil es dort besonders schön ist, sondern weil wir die Abläufe gut kennen. Es ist also der Ort, der irgendwie eine sehr starke Sicherheit für uns ausstrahlt. Dort halten wir uns seit langer Zeit auf. Da fühlen wir uns sicher.

Wir führen unsere Handlungen in der Komfortzone nicht mehr bewusst aus, da die Abfolgen durch jahrelange Gewöhnung in unser Unterbewusstsein eingebrannt sind. Dort laufen sie völlig automatisch, ohne nachzudenken, ab. Ähnlich wie beim Autofahren hinterfragen wir diese Aktivtäten nicht mehr aktiv. Manchmal geht es uns darin gar nicht mehr richtig gut, aber wir fühlen uns dort immer noch sicher aufgehoben und verbringen deshalb meist viel zu lange Zeit in der Komfortzone – selbst, wenn wir dort eigentlich schon jede Menge Ärger oder Stress haben und wir bemerkt haben, dass es so nicht für immer weitergehen kann. Dieses Verharren bringt uns allerdings um wertvolle Chancen in unserem Leben mit dem Hund.

Egal, ob in der Hundeerziehung oder in anderen Bereichen, solange wir diese alten Gewohnheiten nicht hinter uns lassen, werden wir nichts ändern *können* und keine neuen Wege beschreiten. Wir sollten also neue, ungewohnte Denkmuster etablieren, um etwas zu verändern (vgl. Patrick Lynen: Hör auf ein totes Pferd zu reiten).

## HUNDEERZIEHUNG NEU LERNEN

Nun kann der Mensch viele Ausreden finden, beispielsweise, dass sich der Charakter und das Verhalten ja längst geformt haben und man da nicht mehr ausbrechen kann, weder Mensch noch Hund. Die Wissenschaft hat jedoch festgestellt, dass der Charakter sich ein Leben lang formt. Erinnerst du dich? Diese wunderbare Botschaft haben wir dir gleich zu Beginn schon übermittelt.

Wir sind also zu jeder Lebenszeit fähig, unser Gehirn weiterzuentwickeln und innerhalb kürzester Zeit neue neuronale Pfade in unserem Kopf zu erschaffen, die bisher gar nicht existierten. Das kann in beide Richtungen geschehen. Positiv wie negativ. Und bei wem das noch viel schneller geht, ist unser Hund.

Es braucht nur Übung, um bewusste, gewünschte neue Pfade anzulegen. Das merkt man zum Beispiel, wenn man einmal wöchentlich einen Sprachkurs besucht. Wie langsam lernst du auf diese Weise eine neue Sprache? Richtig, sehr langsam! Gehst du allerdings für einige Monate in das Land, wo die Sprache überall gesprochen wird, findest du keine Ausflüchte

Außerhalb deiner Komfortzone gibt es viel Schönes zu entdecken.

**»Hunde brauchen keine langen Prozesse – sie brauchen uns! Hunde sind Anpassungskünstler. Das hat sie zum Hund gemacht.«**

mehr und bist täglich damit konfrontiert, die neuen Wörter zu nutzen und zu verstehen. Nach spätestens ein paar Monaten, bist du in der neuen Sprache fit.

## GEDANKEN UND EMOTIONEN WERDEN ZU HANDLUNGEN

Unser Leben ist geprägt von Gefühlen und Emotionen und das ist auch gut so, denn sie machen uns menschlich und nahbar. Warum das in der Hundeerziehung jedoch zeitweise hinderlich ist und was dich davon abhält, dein Ziel zu erreichen, sind folgende Gründe: Eine zunächst objektive Situation wird gemäß deinen persönlichen Erfahrungen interpretiert, löst ein bestimmtes Gefühl aus und führt zu einer Emotion, auf die eine Handlung folgt.
Situation → individuelle Interpretation → Gedanken → Gefühle → Emotionen → Handlungen

Ein *Gefühl* ist eine Empfindung in unserem Inneren wie zum Beispiel Traurigkeit, Wut, Angst, Freude, Wertschätzung und Dankbarkeit. Eine *Emotion* ist das, was wir nach außen hin zeigen und womit unsere Gefühle sichtbar werden, wie Lachen, Weinen, Schreien oder Aufstampfen.
Gleich am Anfang des Buches hatten wir schon etwas zum Gedankenkarussell geschrieben (vgl. Seite 36). Es liegt uns sehr am Herzen, hier nochmals etwas ausführlicher darauf einzugehen. Denn genau das, was wir dir hier nochmals zu deinem Mindset mitgeben, ist der Ursprung des feinen Führens.

Du bist, was du denkst.

### Ein konkretes Beispiel zum Hund

**Der Wunsch:** Dein Hund soll bei dir laufen, damit ihr entspannt spazieren gehen könnt.
**Die tatsächliche Situation:** Der Hund geht ständig zu weit nach vorne. Du schaust es dir lange an, bis du innerlich kochst.
**Deine Interpretation:** Das haben wir schon 100 Mal geübt, der weiß genau, dass er das nicht darf.
**Deine Gedanken:** Der will nicht. Warum macht der das immer wieder, das ist ja schon eine Frechheit.
**Dein Gefühl:** Ärger und Wut.
**Deine Emotionen:** Der Hund wird plötzlich angeschrien und beschimpft.
**Die resultierende Handlung:** Du begrenzt ihn über die Leine und ziehst ihn zu dir zurück.

Für deinen Hund ist es absolut nicht erkennbar, weshalb er nach 10 Minuten Dauerzug auf der Leine plötzlich eine so heftige Kritik erhält. Es war einfach zu spät, um dem Hund deutlich zu machen, worum es dir eigentlich ging. Und so setzt sich euer Hundeleben fort, mit viel Routine, ohne nachzudenken und du schaltest auf Autopilot.
Aufgrund deiner Vorgeschichte mit deinem Hund lösen Verhaltensweisen automatisch negative Gefühle aus, gefolgt von Emotionen und emotionsgeladenen Handlungen.
Und so geht es tagein, tagaus ... Hegst du einen ängstlichen Gedankengang wie zum Beispiel: Was ist, wenn wir heute einen Hund treffen? Dann kommen die dazugehörigen Gedanken in dir hoch und produzieren wieder deine Gefühle. Somit verfestigen sich daraus deine ängstlichen Gedanken – bis du am Ende vielleicht den eigenen Garten mit deinem Hund überhaupt nicht mehr verlassen willst, aus Sorge, es könnte wieder etwas passieren.

### Alte Handlungsmuster statt Veränderung

Gedanken und Gefühle entstehen, sobald dein Gehirn aktiviert wird – oft ist es der Autopilot und wir denken darüber nicht mehr nach.
Vieles, was du mit deinem Hund heute tust, sind ganz klar Abläufe aus der Vergangenheit.

**1.** Deine Freude überträgt sich auf deinen Hund genau wie Ärger.

**2.** Werde zum verlässlichen Anker für deinen Hund.

**1**

2

**»Nur wer Ruhe, Ausgeglichenheit, Souveränität und Rundumsicht ausstrahlt, wird vom Hund als sicherer Hafen anerkannt und ihm folgt er dann auch gerne.«**

Das macht es für uns Menschen einfach. Wir müssen nicht mehr täglich über jede Kleinigkeit nachdenken und es neu entscheiden. Wenn du etwas verändern willst, aber jeden Tag das Rezept für eine Hühnerbrühe herausholst, dann wird niemals eine Erdbeertorte dabei herauskommen!

### Wie Hundeerziehung durch bewusste, innere Haltung gelingt

All diese lang erprobten Mechanismen bedarf es nun aufzubrechen und neu zu gestalten.
Unsere Hunde sind Experten der nonverbalen Kommunikation und merken sofort, wenn sich deine Haltung, innen wie außen, verändert. Rennst du emotionsgeladen auf deinen Hund zu, fällt es oft schwer, nun direkt auf eine positive Stimmung umzuschalten, selbst wenn der Hund schon längst alles wieder richtig macht. Ein unechtes Lob wird bei deinem Hund nicht ankommen. Er merkt die Spannung in dir, sei es eine zu steife Körperhaltung oder dein pochendes Herz. Der Hund wird also nicht die Möglichkeit haben, das hohe Gut anzunehmen, nämlich in deine Nähe zurückzukommen.
Ein Mensch, der laut schreit, wird keine starke Führung für den Hund darstellen. Das heißt, es ist das A und O, zu Beginn immer wertneutral zu agieren. Das bedeutet, eine Situation erst einmal objektiv zu betrachten und danach eine Handlung folgen zu lassen. Gib deinen negativen Emotionen hier keinen Freiraum, sie werden dich nur behindern und Erfolg vermeiden. Dein Hund wird jede Unstimmigkeit in dir spüren und nicht freudig in deine Arme laufen, wenn Disharmonie im Raum steht. Sollte es also mal wieder irgendwo hängen, dann denke über deine innere Einstellung und die Wirkung nach außen nach. Alles geht von innen nach außen.

# Neustart in ein respektvolles Zusammenspiel

Ein echter Neubeginn mit deinem Hund findet also nur außerhalb deiner Komfortzone statt. Du solltest bisherige Konzepte der Hundeerziehung, die nicht funktioniert haben, verwerfen und dich auf komplett neue Wege einlassen.

Geheimtipp: Der größte Trick für die Erziehung deines Hundes bist du selbst!

Dein Hund kann innerhalb kürzester Zeit ein ganz neues Verhalten erlernen, das respektvoll und voller Vertrauen ist. Wer dazu ganz neu denken muss, sind wir. Bist du offen dafür, wirklich aktiv zu lernen? Das bedeutet, keine Programme zu wiederholen, sondern neue Verschaltungen im Gehirn zu erschaffen, indem Erlebnisse zu neuen Neuronen zusammengefügt werden? Nur so wird dein Gehirn auf einen neuen Stand gebracht. Hundegehirn 2.0 sozusagen.

## STÄRKEN

Dein Hund zieht und zerrt oft an der Leine, hört nicht richtig oder bellt andere Hunde an? Hast du schon vieles versucht, jedoch funktioniert nichts nachhaltig? Wünschst du dir einen Trick, mit dem alle Probleme verschwinden und alles wie am Schnürchen klappt? Ich habe eine Lösung für dich. Der Trick bis *du*! Es geht um dich und um deine Stärken. Es geht darum, wer du bist, was du möchtest und was dich auszeichnet.

### Entdecke dein Potenzial und entfessle deine Stärken

Stärken – jeder hat sie, wenige kennen sie und noch weniger identifizieren sich täglich damit. Viel zu oft konzentrieren wir uns auf die Dinge, die wir nicht so gut können und ärgern uns darüber. Oft stehen wir uns selbst im Weg, um das in uns zu sehen, was uns wirklich gut liegt. Das hängt mit gesellschaftlichen und sozialen Faktoren zusammen, denn bereits in der Kindheit wurde uns vermittelt, was wir zu tun und zu lassen haben, um möglichst gut in diese Gesellschaft zu passen.

Somit haben wir den Eindruck gewonnen, nur geliebt zu werden, wenn wir genug dafür leisten, immer freundlich sind, nicht an uns selbst denken, nicht „Nein“ sagen, etwas „Ordentliches“ lernen, und so weiter und so fort. Einhergehend mit Gedanken wie: „Was sollen denn Familie, Freunde, Kollegen von mir denken, wenn …?“, blockieren uns diese unbewussten inneren Prägungen täglich im Handeln und hindern uns am selbstbestimmten Leben. In der Kindheit erlerntes Denken und Handeln beeinflussen uns auch im Erwachsenenalter noch stark und selten kommen wir dazu, diese unbewussten Denkweisen aktiv zu hinterfragen.

## PRÜFE DEINE UNTERBEWUSSTE EINSTELLUNG

Während wir unsere bewusste Haltung relativ schnell genau benennen können, wie Interessen, Vorlieben und

Werte (Treue, Pünktlichkeit und Verlässlichkeit), sind unbewusste Haltungen Denkgewohnheiten, Handlungsmuster, Glaubenssätze und Überzeugungen, die automatisch in bestimmten Situationen ausgelöst und nachgelebt werden.
Die Frage, nach wessen Vorstellungen wir da genau leben, ob es die eigenen sind oder wir fremdbestimmt sind, sollten wir uns ab und zu mal wieder durch den Kopf gehen lassen. Doch das ist gar nicht so einfach und mit erheblichem Aufwand verbunden. Neurobiologisch betrachtet, denken wir jeden Tag zu 90 Prozent das Gleiche wie gestern. Die Gewohnheiten und gewohnheitsmäßigen Gedanken haben sich im Lauf der Jahre zu großen Datenautobahnen in unserem Gehirn entwickelt und sind nicht von heute auf morgen aufzulösen. Es nützt auch nichts, wenn andere Menschen immer wieder bestätigen, wie toll du bist, wenn du es selbst nicht sehen und fühlen kannst. Es wird dich nicht weiterbringen, was andere sagen. Doch es ist möglich, eine Abfahrt von der großen Datenbautobahn auf eine Seitenstraße zu nehmen und neue neuronale Pfade zu bilden. Es benötigt neben Geduld noch etwas Hartnäckigkeit und am besten eine unterstützende Hilfe an deiner Seite.

Neue Pfade öffnen neue Blickwinkel. Lass dich vom Leben inspirieren.

## LAUSCHE DEINER INNEREN STIMME

Höre deiner inneren Stimme wirklich genau zu, was sie über dich selbst erzählt. Welche Monologe führt sie über dich? Stimmt das alles tatsächlich oder gibt es Dinge, die kein korrektes Bild wiedergeben? Prüfe und hinterfrage, wenn du dir selbst im Wege stehst. Woran liegt es? Spüre deine stärkenden Überzeugungen auf und auch diejenigen, die dich am Vorankommen hemmen. Lenke dein Denken und Verhalten in neue Bahnen, hinterfrage deine Einstellung

und bringe dich durch bewusste Wahrnehmung in Einklang. Selbstakzeptanz und Eigenliebe lassen dich immer aufmerksamer auf deine persönlichen Stärken werden.

## DEINE INDIVIDUELLE WAHRNEHMUNG

Glaubenssätze aus der Kindheit bestimmen weitreichend unsere Wahrnehmung der Realität des heutigen Lebens. Die individuelle Wahrnehmung beeinflusst unser Fühlen, Denken und Handeln und umgekehrt. Entsprechend wird ein und dieselbe Situation von jedem Menschen ganz individuell wahrgenommen und ist eine Folge der erlebten positiven und negativen Erfahrungen.
Je bewusster wir uns der Vorgänge in uns werden, desto mehr gelingt es uns, diese gezielt zu beeinflussen und das Denken und Handeln zu verändern. Dazu ist Abstand zum Problem und eine objektive Sicht sehr wichtig, um sich von der subjektiven Wahrnehmung zu befreien und Probleme aus einer anderen Perspektive anzugehen. Dabei ist klar, dass nur der Mensch seine Haltung ändern kann und ein

Problem nicht von ganz allein von der Bildfläche verschwinden wird. Menschen vertagen Veränderungen gerne auf später und tun so, als würden sie ewig leben. Wenn du dir schon einmal Gedanken über eine Veränderung deines Lebens gemacht hast, dann ist die richtige Zeit etwas zu tun genau *jetzt*. Vielleicht erwischst du dich selbst dabei, wie du stets neue Ideen findest, um etwas hinauszuzögern. „Das neue Kleid kaufe ich, wenn ich 5 Kilo abgenommen habe; einen neuen Job suche ich mir, wenn ein passendes Angebot auf dem Markt ist; Zeit für mich nehme ich mir, wenn die Kinder aus dem Haus sind; ...
Und wie ist das im Miteinander mit deinem Hund?

## MIT EINER NEUEN HALTUNG ZU NEUEN WEGEN

Passen innere Haltung und erlebte Welt zusammen, dann erleben wir die Dinge als stimmig. Gibt es eine Diskrepanz, dann fühlen wir uns zunehmend gestresst. Wenn wir etwas als unangenehm empfinden, dann liegt es daran, dass unsere innere Haltung nicht zur erlebten Wirklichkeit passt, was negative Emotionen auslöst.
So liegen die *Auslöser* dieser Emotionen zwar in der Außenwelt, die *Ursache* für unsere Gefühle ist jedoch in jedem selbst verankert und jedem Menschen mit einem freien Willen obliegt die Macht, über seine Einstellungen und Gedanken zu entscheiden. Wenn wir auch nicht gänzlich frei von gesellschaftlichen Regeln leben können, haben wir dennoch immer die Wahl, wie wir mit erlebten Dingen umgehen. Mit etwas Abstand können wir die Situationen gezielt durchdenken und reflektieren, um auf die eigenen unbewussten Glaubenssätze zu stoßen.

### Handlungsschritte

Die reine Erkenntnis über unsere Glaubenssätze bewirkt schon den ersten Schritt, bringt uns jedoch nicht weiter, ohne diese Erkenntnisse in Handlungsschritte umzusetzen. Mit kleinen konsequenten Schritten wirst du dich selbst besser wahrnehmen, bewusster leben und deine eigenen Ziele erreichen. Für einen Veränderungsprozess benötigen wir immer vier Dinge:

1. **Achtsamkeit (um zu fühlen, was du brauchst und willst)**
2. **Stille (um dich zu sortieren)**
3. **Mut (den ersten Schritt zu machen)**
4. **Erlaubnis (dir selbst diesen Schritt zuzugestehen)**

### Im Einklang

Wie wichtig nimmst du dich selbst? Gönne dir etwas, denk auch mal an dich und nimm dich ernst! Unsere innere Haltung beeinflusst also unsere Gedanken und Gefühle und folglich unser Wohlbefinden. Darin steckt demnach unglaublich viel Potenzial in jedem von uns, was es nur zu entschlüsseln gilt. Entfessle also deine Kräfte, indem du dich in Balance mit deiner inneren Haltung und der äußeren Welt bringst, mehr Lebensfreude gewinnst und gestärkt durch den Alltag gehst!

### Aha-Erlebnisse

Das war jetzt ein ganz schöner „Brocken". Sehr bewusst haben wir dabei auf zu zahlreiche Beispiele verzichtet. Wir empfehlen dir zum Schluss: Lies dieses Kapitel noch mal und arbeite dich mit deinen persönlichen Hundesituationen da durch. Ich verspreche dir, du wirst nicht nur ein Aha-Erlebnis haben, eher wirst du Bücher damit füllen können.

**»Das Leben ist zu kurz, um alles auf später zu schieben.«**

Leg heute los mit der Veränderung! Wir zählen auf dich!

# Zum Schluss

## SANTA, DIESES BUCH IST FÜR DICH!

Dieses Buch widmen wir Santa. Santa hat uns zu dem gemacht, was wir sind. Dabei hat er nicht nur uns in diese Richtung geführt, sondern auch vielen Hunden geholfen. Er hat ihnen oft ganz stolz gezeigt, wie es so geht mit uns Menschen. Leider ist er in den letzten Zügen des Buches von uns gegangen. Er wird für immer unvergessen bleiben.

## VIEL, VIEL FREUDE UND VIELE SCHÖNE MOMENTE

Wir hoffen, dir auch mit diesem Buch wieder einige Inspirationen für dein Hundeleben mitgegeben zu haben. Es soll niemals der erhobene Zeigefinger sein, da es so unendlich viele Wege in die Harmonie mit deinem Hund gibt. Nimm dir nur das mit, womit wir dich wirklich erreicht haben.
Folge uns sehr gerne auch weiterhin über unsere Internetseiten, über Face-

Santa – ein ganz besonderer Hund

book, Instagram und YouTube. Dort stellen wir dir kostenlos sehr viel von unserer Arbeit zur Verfügung. Links zu unseren Seiten im Netz findest du auf Seite 133.
Wenn du an einer langfristigen Begleitung interessiert bist, bieten wir dir dafür unsere Akademie an. Das ist unser absolutes Herzensprojekt. Da stecken wir unsere ganze Kraft und unser ganzes Wissen hinein.

**Bis bald ...**
Das war es für den Moment. Vielleicht bis zum nächsten Buch, oder wer weiß, wo wir uns wieder begegnen werden.

**Ganz herzliche Grüße**
**Nancy & Kai**


## DANKSAGUNG

Nancy ist es sehr wichtig, zum Schluss noch ein paar Worte an einige wichtige Personen zu richten, die sie auf ihrem Weg zu diesem Buch begleitet haben: „Ohne die Menschen, die mich auf meinem Weg unterstützt haben, würde ich heute nicht da stehen, wo ich jetzt stehe. Und niemals hätte ich ohne sie mein Wissen über Hunde und die Kommunikation zwischen Mensch und Hund gesammelt, um daraus ein Buch zu schreiben.

Deshalb gilt mein besonderer Dank zunächst Sabrina. Sie hat mir den starken Frodo geschenkt, der mich erst auf den Weg zur Hundetrainerin gebracht hat.

Mein außerordentlicher Dank gilt Kai, der immer das Stärkste in mir sieht, mit mir gemeinsam wächst, uns trägt, Ideen schmiedet, Projekte kreiert und immer eine Lösung findet.

Außerdem möchte ich meinen allerersten Intensivkunden danken, die ihr Vertrauen in meine Hände legten und mir ihren weißen Schäferhundwelpen regelmäßig anvertrauten. Monique und Francesco sind mittlerweile tolle Freunde und haben meine Entwicklung stets anerkennend begleitet.

Danke an meine liebe Freundin Marlene, die schon lange vor meiner Entscheidung Hundetrainerin zu werden, immer die beste Version von mir selbst sah und mir diesen Weg in unzähligen Gesprächen bunt ausgemalt hat.

Danke an meine lieben Freundinnen Anne, Nelly und Madlen, die mich emotional auf dem Weg zur Selbstständigkeit und weg vom sicheren Beamtenstatus getragen haben.

Danke an Christiane, die mir den tollsten und schönsten Border Collie der Welt gab, der uns nun fröhlich und immer gut gelaunt durch den Tag begleitet.

Und nicht zuletzt Danke an meine Eltern, die aufmerksam alle Neuigkeiten in Zeitschriften und im Internet verfolgen und mich bei Terminen in der alten Heimat immer stolz begleiten.“

# Stimmen zum „Feinen Führen"

**Unser Weg vom unverstandenen Leinenpöbler zum harmonischen Miteinander mit klarer Führung.**
Nancy und Kai bringen das Hund-Mensch-Team in Einklang. Ich habe von beiden so viel über meinen Hund und mich lernen dürfen. Früher haben wir uns nicht verstanden und jetzt reichen Blicke aus.
Wertschätzend und emphatisch sehen Nancy und Kai mich und meine Aussie-Dame immer in der besten Version von uns selbst. Geduldig und wertfrei teilen sie ihre Beobachtungen und finden individuelle Ziele für mich. Sie freuen sich mit mir und unseren Erfolgen, nehmen mir den Druck und sind mit Mut machenden Worten an meiner Seite. Wir sind noch nicht an unserem Ziel, die meiste Zeit ohne Leine zu laufen, aber mit Nancy und Kai auf einem verdammt guten Weg.
*Jessi und Layla*

**Das „Feine Führen" macht süchtig! Was für eine Erfahrung, wenn man lautlos mit seinem Hund kommunizieren kann, er auf kleinste körpersprachliche Signale reagiert.**
Als unser Border-Collie-Welpe Hewie einzog, stand für mich fest, dass ich keine klassische Hundeschule besuchen wollte. Ich hatte weder die Absicht, Prüfungen zu absolvieren, noch einen Arbeitshund auszubilden. Ich wollte einen Hund, der an mir orientiert ist und entspannt mit mir durchs Leben geht, wenn möglich ohne Leine. Ein Hund, der mir gerne folgt – eben einen richtigen Kumpel.
Durch Nancy und Kai lernte ich, meinen Hund zu lesen und mit ihm zu kommunizieren. Ich sah, wie fein Hewie auf körpersprachliche Signale reagiert. Und nein, es war nicht immer einfach. Hewie, zutreffend „Mister-1000-Volt" getauft, verlangt viel von mir ab, benötigt einen sicheren Rahmen und klare Grenzen. Ich musste das lernen, auch musste ich lernen, selbstbewusst zu bleiben und umzusetzen, was mir wichtig ist. Mit der fachlichen Unterstützung und den immer klaren und ehrlichen Worten von Nancy und Kai haben wir viel geschafft. Ich merke, dass die mentale Verbindung zwischen Hewie und mir stärker und belastbarer wird und das Vertrauen größer. Wir gehen GEMEINSAM mit Freude durch jeden Tag und wachsen immer mehr zusammen. Was für ein Glück, dass wir Nancy und Kai getroffen haben.
*Katrin und Hewie*

**Mir hat immer irgendetwas gefehlt in unserer Beziehung. Kai und Nancy haben mir die Augen geöffnet – durch das „Feine Führen“ habe ich gelernt, meine Cora herzlich mit meinem Lob zu erreichen.**

Da ich selbst Hundetrainerin bin, betrachte ich die Dinge immer aus einem etwas anderen Blickwinkel. Auch ich wollte mir vor einiger Zeit über die Schulter schauen lassen. Nachdem mich die Philosophie von Kai und Nancy total erreichte, machte ich mich auf den Weg nach Dresden. Ich hatte keine großen Probleme, als ich mit meiner Viszla-Dame Cora kam. Aber mir hat immer irgendetwas gefehlt in unserer Beziehung. Nancy und Kai haben es gesehen – es war das herzliche Lob. Ich habe meinen Hund auch vorher gelobt, aber es ist nicht angekommen und durch das „Feine Führen“ habe ich gelernt, meine Cora herzlich zu erreichen und mit ihr auf Augenhöhe zu kommunizieren.

Ich bin ein Verfechter eurer Art und Weise im Umgang mit Hunden. Kaum etwas hat mich bisher so überzeugt wie eure Arbeit. Als Kollegin und Hundeliebhaberin habt ihr mich total abgeholt. Gerne werde ich auch das Buch „Das feine Führen“ eigenen Kunden weiterempfehlen. Ich wünsche euch für eure Zukunft und all eure Pläne von Herzen alles

erdenklich Gute. Auf dass ihr viele Menschen mit eurer tollen Arbeit erreichen möget.

Eure Kollegin, Kundin und Freundin

*Antje und Cora*

**Mein Leben mit Hund ist nun zehnmal besser, als ich mir das je gewünscht hatte. Durch das „Feine Führen“ weiß ich: Meine Körpersprache ist so viel wichtiger als 1000 Worte.**

Nach der 5er-Basis bei Nancy und Kai war ich total begeistert, wie schnell die aufgeregte und hippelige Königspudeldame Auri zur Ruhe kommen konnte und sich an mir orientierte. Am Anfang war ich so oft gestresst und überfordert und konnte mir nicht vorstellen, dass wir je so glücklich miteinander sein würden und auf Begeisterung stoßen würden. Das „Feine Führen“ hat mir dann nochmal verdeutlicht, dass meine Körpersprache so viel mehr regelt als meine Worte. Menschen, die uns begegnen, sind immer sehr überrascht, dass Auri erst ein Jahr alt ist: Sie ist immer noch das, was sie ausmacht – ein kleiner Flummi mit sehr viel Energie und Motivation, aber sie läuft oder liegt trotzdem entspannt neben mir, egal ob drinnen oder draußen, egal, wie viele andere Leute, Kinder, Hunde oder Katzen in der Nähe sind. Und, ehrlich gesagt, zehnmal besser, als ich mir das je gewünscht hatte.

*Lotte und Auri*

# Service

## UNSERE LESEEMPFEHLUNGEN

An dieser Stelle möchten wir dir noch einige Bücher ans Herz legen. Damit kannst du im Selbststudium weitere Inspirationen für dich mitnehmen für dein tolles Hundeleben. Wir wünschen dir gute Unterhaltung.

Anne Krüger-Degener – **Wenn Hunde lachen.** HarmoniLogie® – Kommunikationstraining für Mensch und Hund.

Anne Krüger-Degener – **Wenn Hunde uns vertrauen.** Missverständnisse vermeiden mit der HarmoniLogie® – Der Weg zum klaren Dialog

Günther Bloch – **Wölfisch für Hundehalter.** Von Alpha, Dominanz und anderen populären Irrtümern.

Sami El Ayachi – **Der zugewandte Hund.** Körpersprache richtig verstehen und anwenden.

Ursula Löckenhoff – **Dogwalk.** Wie Hunde freudig folgen.

Ursula Löckenhoff – **Raumdenken® in der Hundeerziehung.** Erziehungshilfe über Raumvorgaben.

Dr. Udo Gansloßer – **Verhaltensbiologie für Hundetrainer.** Verhaltensweisen aus dem Tierreich verstehen und auf den Hund beziehen.

Dr. Udo Gansloßer, Petra Krivy – **Verhaltensbiologie Hund - Praxisbuch.** Wie Rasse, Geschlecht, Aussehen und Alter das Verhalten beeinflussen.

Dr. Udo Gansloßer, Mechthild Käufer – **Auszeit auf Augenhöhe.** Mensch-Hund-Spiel: Kleiner Einsatz mit großer Wirkung.

Dr. Udo Gansloßer, Mechthild Käufer – **Und sie spielen doch!** Die Wissenschaft vom Hundespiel.

Vanessa Engelstädter – **Resilienz bei Hunden.** Hunde im Inneren stärken.

## NÜTZLICHE LINKS

**Hundetrainerin Nancy Wendler**
info@nancywendler.de
www.nancywendler.de
www.instagram.com/nancys_hundebande

**Hundetrainer Kai Hartmann**
info@hundetrainer-dd.de
www.hundetrainer-dd.de
www.instagram.com/kai.hartmann.hund

# REGISTER

## BILDNACHWEIS

141 Farbfotos wurden von Tobias Roetsch/Kosmos extra für dieses Buch aufgenommen. Weitere Farbfotos von Alina Fritsche (1: Seite 131 oben), Sissy Roetsch (6: Seite: Seite 5, 12, 22, 56, 63 rechts, 130 oben) und Katja Zipser (1: Seite 128).



## IMPRESSUM

Umschlaggestaltung von GRAMISCI Editorialdesign, Isabelle Fischer unter Verwendung von Farbfotos von Tobias Roetsch/Kosmos.

Mit 149 Farbfotos

Alle Angaben in diesem Buch erfolgen nach bestem Wissen und Gewissen. Sorgfalt bei der Umsetzung ist indes dennoch geboten. Der Verlag und die Autoren übernehmen keinerlei Haftung für Personen, Sach- oder Vermögensschäden, die aus der Anwendung der vorgestellten Materialien, Methoden oder Informationen entstehen könnten.



Gedruckt auf chlorfrei gebleichtem Papier


ISBN 978-3-440- 17340-4
Redaktion: Ute-Kristin Schmalfuß
Gestaltungskonzept: GRAMISCI Editorialdesign/Cornelia Sekulin, München
Gestaltung und Satz: Katrin Kleinschrot, Stuttgart
Produktion: Nina Renz
Druck und Bindung: Westermann Druck Zwickau GmbH, Zwickau
Printed in Germany / Imprimé en Allemagne

FSC
www.fsc.org
MIX
Papier | Fördert gute Waldnutzung
FSC® C110508